农作物育种态势研究丛书

Landscape of maize molecular breeding based on patent analysis

全球玉米分子育种专利发展态势研究

主　编：杨小薇　孔令博　何　微
副主编：王晶静　林　巧　赵慧敏

電子工業出版社
Publishing House of Electronics Industry
北京 · BEIJING

内 容 简 介

本书以德温特创新索引（Derwent Innovation Index，DII）数据库为数据源，全面收集了全球近50年涉及玉米分子育种的相关专利，系统分析了玉米分子育种领域专利的申请特征，比较分析了玉米分子育种领域专利申请的焦点和技术发展路线，深入阐述了玉米分子育种关键技术的专利演变规律，对玉米分子育种领域各类研发对象的竞争力进行了对比剖析，并对该领域的新兴技术进行了遴选和预测。

本书无论对玉米领域的专业科研工作者，还是相关从业人员，甚至涉农相关行业人员，都具有较高的学习与参考价值；对于未来玉米遗传育种、玉米基础研究及玉米产业发展的方向具有重要的指导意义。

本书适合政府科技管理部门、科研机构管理者及相关学科领域的研究人员阅读参考。

图书在版编目（CIP）数据

全球玉米分子育种专利发展态势研究/杨小薇等主编. —北京：电子工业出版社，2020.1
（农作物育种态势研究丛书）
ISBN 978-7-121-37745-7

Ⅰ.①全…　Ⅱ.①杨…　Ⅲ.①玉米－遗传育种－专利－研究－世界　Ⅳ.①S513.032-18

中国版本图书馆CIP数据核字（2019）第240189号

责任编辑：徐蕾薇
印　　刷：天津千鹤文化传播有限公司
装　　订：天津千鹤文化传播有限公司
出版发行：电子工业出版社
　　　　　北京市海淀区万寿路173信箱　　邮编：100036
开　　本：720×1 000　1/16　印张：14.75　字数：306.8千字
版　　次：2020年1月第1版
印　　次：2020年1月第1次印刷
定　　价：99.00元

凡所购买电子工业出版社图书有缺损问题，请向购买书店调换。若书店售缺，请与本社发行部联系，联系及邮购电话：（010）88254888，88258888。

质量投诉请发邮件至 zlts@phei.com.cn，盗版侵权举报请发邮件至 dbqq@phei.com.cn。

本书咨询联系方式：xuqw@phei.com.cn。

前言

DNA 双螺旋结构的发现开创了分子生物学研究的新时代。随着一系列新的发现和技术创新，美国科学家 Berg 等于 1972 年在实验室构建了第一个重组 DNA 分子，进入了基因工程技术的新阶段。分子生物学和基因工程技术的发展不仅拓展了生命科学研究的深度和广度，其在医学和农业科学上的应用也十分广泛。分子生物学技术与作物遗传育种相结合，形成了作物分子育种研究方向，其中包括转基因技术、分子标记辅助育种技术、基因编辑技术等。自 1982 年第一个转基因植物诞生后，转基因作物已被广泛地应用于农业生产，2018 年全球转基因作物种植总面积达到 1.9 亿公顷①，其中大豆、玉米、棉花、油菜四种作物的转基因品种种植面积最大。

在作物分子育种研究领域有许多综述性的论文和专著，但在市场上很少能看到有关全面分析分子育种专利的书籍。中国农业科学院农业信息研究所咨询服务团队全面收集了全球近 50 年涉及玉米分子育种的相关专利 8887 项，系统分析了玉米分子育种在不同国家 / 地区、不同时间的申请特征，比较分析了国内外关键公司在玉米分子育种领域专利申请的焦点和技术发展路线，深入阐述了转基因育种、分子标记辅助育种和基因编辑等玉米分子育种关键技术的

① 为了保持与官方统计数据的单位一致，本书中使用公顷作为单位，1公顷=0.01平方千米。

专利演变规律，对玉米分子育种领域的主要国家/地区、科研机构/企业的研发竞争力进行了对比剖析，对玉米分子育种领域的新兴技术进行了遴选和预测。从总体上看，该书对从事玉米分子育种的相关企业和科研院所的研究人员、政府科技管理部门和科研机构的管理人员有重大参考价值。

目 录

第 1 章 研究概况

1.1 研究背景

1.1.1 玉米的生物学特性

玉米（拉丁学名：*Zea mays L.*），属禾本科玉蜀属植物，原产于南美洲的墨西哥、秘鲁及智利等国家。1492 年，哥伦布发现美洲大陆后，将玉米带回欧洲，随后传到非洲、亚洲。玉米具有适应性强、产量高、品质好的优点，对土壤条件要求并不严格，可以在多种土壤中种植；玉米是 C_4 作物，从空气中摄取二氧化碳的能力极强，远远大于麦类和豆类作物；玉米生育期短，生长发育快，需肥较多，对氮、磷、钾的吸收尤甚 [1]。玉米生产潜力大、经济效益高，其主副产品都有很高的利用价值，现已发展成为粮食、饲料和经济兼用作物，是世界主要农作物之一，也是杂交种应用最早、最普及的作物之一 [2]。

玉米是全球种植范围最广的作物，在全球 100 多个国家均有种植，生产国包括中国、美国、巴西、印度、墨西哥、尼日利亚和阿根廷等，其中中国和美国是全球最大的两个玉米生产国 [3, 4]。

1.1.2 玉米产业在中国经济发展中的重要地位

中国的玉米生产主要分布在东北、华北和西南地区，形成了一个从东北到西南的狭长玉米种植带，这一带状区域占据了中国玉米种植总面积的85%和总产量的90%[5]，中国玉米主产区包括黑龙江、吉林、河北、山东、河南、内蒙古、辽宁、四川、云南、陕西等[5, 6]。21世纪初期，中国玉米种植面积起伏较大，于是政府紧急采取措施大抓玉米生产，确立了玉米在社会经济发展中的重要地位，从而恢复了玉米生产并使之得到迅速发展[6]。国家统计局年度粮食产量公告显示，2017年，中国玉米播种面积约0.35亿公顷，玉米单产6.09吨/公顷，玉米总产量2.16亿吨（稻谷播种面积约0.302亿公顷，总产量2.09亿吨；小麦播种面积约0.240亿公顷，总产量1.30亿吨）[7]；2018年，中国玉米播种面积约0.42亿公顷，玉米单产6.11吨/公顷，玉米总产量2.57亿吨（稻谷播种面积约0.302亿公顷，总产量2.12亿吨；小麦播种面积约0.243亿公顷，总产量1.31亿吨）[8]。可以看出，较之2017年，2018年的玉米播种面积、总产量均出现了较大幅度的上升，且玉米单产同比增长0.28%。玉米种植面积已超过稻谷、小麦，擢升为中国“谷物之首”[6]。中国玉米消费以饲用消费和工业消费为主，口粮消费、种用消费和损耗在消费总量中的比重较小：2018年中国玉米饲用消费总量继续增加，一方面是因为养殖业平稳发展对玉米的饲用需求增加；另一方面是因为进口替代品显著减少，增加了玉米的饲用消费。同时，由于近年来深加工产能迅速扩张和释放，玉米工业消费增长较快，据统计，2018年玉米深加工产能约1.1亿吨，比2017年增加近1000万吨。相比之下，2018年玉米种用消费、口粮消费、损耗与历史同期基本持平[9]。

作为中国三大作物之一，玉米在解决温饱问题、保障粮食饲料安全、发展国民经济及缓解能源危机等方面均发挥了重要作用，是关系国计民生的重要战略物资。长期以来，中国政府制定了一系列政策措施，保证并促进玉米产业的不断发展。从政策内容上，中国玉米产业政策体系大体可以分为以下几种[10]。

（1）良种补贴政策：2004 年，中国正式将玉米列入良种补贴的范畴；2009 年开始将全国 31 个省（直辖市、自治区）均列入玉米“凡种即补”的范围；2016 年，大部分地区将良种补贴、农资综合补贴和农民直接补贴政策合并为农业支持保护补贴。

（2）价格保护政策：中国玉米的价格保护政策的目的是通过国家政策来规定玉米的指导价格，历经大范围价格保护（1990 年—1999 年）、重点区域保护（2000 年—2001 年）、不再保护和临时保护（2008 年）等阶段，这是国家为调整玉米产业结构、平稳玉米价格和避免“粮农两伤”的一项重要政策措施。

（3）保险补贴政策：2007 年，中国玉米保险补贴政策正式实施，玉米是首批列入保险补贴的作物品种，中央财政对部分农作物的试点省区提供 25% 的保费补贴率，地方财政再配套补贴 25% 以上；2008 年，在政策层面，国家扩大了试点省份的范围，并提高了种植业保险保费的补贴比例。

（4）玉米临时收储政策：2008 年，中国正式发布玉米临时收储收购政策，即国家每年按照一定的价格收购农民种植的玉米，以维持玉米价格的稳定，涉及的地区包括内蒙古、辽宁、黑龙江、吉林等地[11]；随后玉米收购价格不断上升，直到 2015 年，玉米收购价格开始下调；2016 年，中国出台政策取消东北三省和内蒙古的玉米临时收储政策，由市场运作形成玉米价格，即“市场化收购”加上“补贴”的新机制。

（5）农业税收政策：21 世纪初，国务院出台了一系列扶持粮食生产的政策，实行“三减免、三补贴”，放开购销市场，提高收购价格，特别是取消“农业税”“乡统筹”“村提留”等税赋，以减轻农民负担，增加农民种田的自主权。

（6）生产经营许可政策：2011 年，农业部出台了关于玉米种子生产和经营许可的相关规定，规范玉米种业市场的发展。2017 年 4 月 10 日，国务院出台了《国务院关于建立粮食生产功能区和重要农产品生产保护区的指导意见》，其中一个主要目标是力争用 3 年时间完成 10.58 亿亩①“两区”地块的划定任务，其中粮食生产功能区中以松嫩平原、三江平原、辽河平原、黄淮海地区，以及汾河和渭河流域等优势区为重点，划定玉米生产功能区 4.5 亿亩（含小麦和玉米复种区 1.5 亿亩），给予两区基础设施建设、财政、金融等多方面的优惠政策，为提高玉米种植水平、实现玉米机械化生产提供了便利条件 [12]。2018 年 2 月 19 日，农业部发布《农业部关于大力实施乡村振兴战略加快推进农业转型升级的意见》（以下简称《意见》），进一步明确制定和实施国家质量兴农战略规划，推进现代种业提档升级，以绿色育种为导向，推动玉米、水稻、小麦、大豆良种联合攻关，培育一批节水、节肥、节药新品种；推进国家种质库、甘肃玉米等良种繁育基地工程建设；《意见》指出，坚持市场导向，着力调整优化农业结构，以控水稻、增大豆、粮改饲为重点推进种植业结构调整，巩固玉米调减成果，继续推动“镰刀弯”等非优势产区玉米调减；《意见》提出，创新完善农业支持保护制度，完善玉米、大豆生产者补贴制度和主产区利益补偿机制，探索在粮食生产功能区和重要农产品生产保护区实行差异化补贴，探索开展三大粮食作物（稻谷、小麦、玉米）完全成本保险和收入保险试点，启动制种保险试点 [13]。由此可见，中国政府对玉米产业的发展十分重视，玉米产业依然拥有很大的发展潜力。

1.1.3 玉米育种对中国玉米产业的重要作用

玉米育种是指通过人工选择作物遗传变异的方式改良玉米性状，使其满足人类的生产生活需要。随着玉米育种技术的不断革新，中国

① 为了保持与官方统计数据的单位一致，本书中使用亩作为单位，1亩≈666.67平方米。

玉米的生产效率也在不断提升。在玉米单产增长的诸项因素中，品种改良的作用占 35% ～ 40%[14, 15]。新中国成立以来，在几代育种工作者的共同努力下，玉米育种事业取得了显著成绩，但仍面临着提高单产、增加品种多样性、提高对逆境协迫和病虫害的抗性、国内外竞争激烈等诸多挑战 [15]。

为了推进中国农村供给侧结构性改革进程，解决中国农业农产品品种结构不平衡的问题，原农业部部长韩长赋在 2016 年全国农业结构调整座谈会上提出"一保、一减、一增"的解决思路，其中"一减"即减非优势区玉米，这是近十几年来玉米种植面积首次减少。2016 年 11 月，农业部下发了《"镰刀弯"地区玉米结构调整的指导意见》，提出到 2020 年，"镰刀弯"地区玉米种植调减 5000 万亩以上，全国玉米面积稳定在 5 亿亩的目标。随着未来玉米种植面积的进一步减少，且玉米饲用和工业消费量与日俱增，化肥增产的潜力十分有限，因此利用遗传育种技术提高玉米单产将成为保证中国玉米产量的重中之重 [14]。

随着市场经济的发展和人民生活水平的提高，畜产品消费市场和玉米深加工产业的快速发展对玉米品种多样化的要求日益迫切，通过玉米育种获得更多的玉米优良品种将是中国玉米育种科研工作者不断努力的方向。玉米品种多样化不仅能改善玉米的种植结构，提升玉米产品的商品价值，还能提高农民种粮收益，对进行玉米生产供给侧结构改革和加速农业产业化升级具有重要意义 [15]。受制于资源环境和气候变化，对玉米品种改良的要求越来越高。目前，由于自然条件变化、温室效应影响，诸如干旱、高温、强风、冻害等自然灾害时有发生，过度使用农药、化肥加剧土壤、水体污染，农业水资源短缺问题越发突出，迫切需要选育抗非生物逆境、资源（水、肥）高效利用和环保型的玉米品种 [14]。

由于中国玉米生产一直面临着病虫危害，抗病、抗虫性已经成为玉米育种的永恒目标[15]。随着环境的日益恶化，玉米新老病害的蔓延此起彼伏。一些重要病虫害的发生规律改变、危害加重，如亚洲玉米螟、桃蛀螟、棉铃虫、黏虫，土传病害（茎腐病、穗腐病、线虫矮化病、纹枯病）连续暴发，风险性叶斑病（大斑病、灰斑病、小斑病、南方锈病）仍在流行；某些病虫害的危害性呈现上升趋势，如刺吸性害虫（蚜虫、叶螨、蓟马）、双斑长跗萤叶甲、粗缩病、苗枯病和根腐病等未来可能出现发病高峰；局部有发生，但未发生大范围严重危害或已被控制的病虫害（二点委夜蛾、鞘腐病、褐足角胸叶甲、北方炭疽病），以及新出现的一些病虫害（小孢帽叶斑病、炭疽茎腐病、平脐蠕孢叶斑病、一点缀螟），都对玉米安全生产构成了威胁[16]。培育和种植抗病、抗虫的玉米品种是最为安全、经济和有效的防控措施[17]。

同时，国内外行业内部的激烈竞争，使中国育种产业面临巨大的压力。世界各大种子公司凭借其高科技和高投入，以及其在运营策略和营销手段方面的优势和人才本土化战略，对中国玉米育种造成了巨大压力，中国育种工作者必须奋起直追，迎头赶上[14]。

1.2 玉米分子育种发展现状

1.2.1 全球主要国家 / 地区分子育种技术产业战略规划

2010 年前后，生物经济加速成为继信息经济后新的经济形态，全球范围内生物技术与信息、材料、能源等技术融合发展，高通量测序、基因组编辑和生物信息分析等现代生物技术突破与产业化快速演进，并对人类生产、生活产生了深远影响。生物育种技术的进步极大地促进了植物营养价值的改进、抗病性的增强及产量的提高，全球转基因作物种植面积已占全部耕地面积的 12%，帮助农民获益累计超过 1500 亿美元，绿色、营养、功能性植物产品正引领粮食消费迈上新的台阶 [18]。

根据国际农业生物技术应用服务组织（International Service for the Acquisition of Agribiotech Applications，ISAAA）的报道 [19]，2018 年共有 70 个国家应用了转基因作物，其中 26 个国家种植转基因作物，44 个国家进口转基因作物。在种植转基因作物的国家中，21 个为发展中国家，5 个为发达国家。大豆、玉米、棉花和油菜仍为四大主要转基因作物，转基因大豆种植面积居全球转基因作物种植面积之首，为 9590 万公顷；其次是玉米，为 5890 万公顷。

鉴于作物分子育种在粮食生产、粮食安全中的重要战略地位，全球主要国家 / 地区近年来对农业生物技术产业制定并部署了长远的国家战略规划，以把握农业发展优势地位并获取未来生物经济的竞争优势。

1. 美国

美国是全球分子育种技术最发达的国家，也是转基因作物种植面积最广的国家，中国从 20 世纪 80 年代开始从美国引入杂交种进行分离二环系组配杂交种，其商业种质对中国玉米育种的发展做出了不可磨灭的贡献 [20]。美国农业部统计局 2018 年 6 月 29 日发布的美国全国农业调查统计数据 [21] 显示，2018 年美国玉米的转基因品种普及率为 92%。

美国拥有比较全面和稳定的科研管理体制，并且鼓励和支持生物技术的发展。美国政府于 2012 年—2018 年发布了《国家生物经济蓝图》[22]《美国农业部植物育种路线图》[23]《植物遗传资源、基因组学和遗传改良行动计划 2018—2022》[24]《2018—2023 年战略计划》[25]

等农业生物技术领域相关的战略规划，明确生物技术是美国生物经济增长的重要来源，对分子育种技术的发展给予了政策和资金支持，并对未来 5 ～ 10 年内优先发展的领域、技术重点做了明确规划。除国家和政府的支持之外，美国生物公司也对玉米分子育种技术加大了投资力度，不断开发新的抗虫、抗病、抗逆性品系并加快商业化步伐。全球第一大玉米种子生产商杜邦先锋公司（原名为先锋良种公司），早在 20 年前在分子育种领域的科研经费就达到了 1.8 亿美元，在其种子销售价的组成比例中科研成本占 10%[26]；农业投资网站 Agfunder 在其 2018 年的报告中称 [27]，许多创业公司在玉米分子育种领域的投资在加大，美国 Hi Fidelity Genetics 公司与西班牙的一家公司共同筹集了 1540 万美元用于新型玉米杂交种及其他商业种子的研发。

2．欧盟

欧盟对分子育种技术及转基因作物的发展也非常重视。2014 年，欧洲工业生物技术研究与创新平台中心推出 BIO-TIC 项目，旨在为欧洲不断增长的工业生物技术产业进行技术创新并奠定坚实基础，还公布了旨在研究解决阻碍欧洲工业生物技术发展创新的问题，涉及市场潜力、研究与发展的优先领域、工业生物技术创新的非技术障碍的三大路线图草案 [28]；2018 年 10 月 12 日，欧盟委员会发布了新版生物经济发展战略《欧洲可持续发展生物经济：加强经济、社会和环境之间的联系》，旨在发展为欧洲社会、环境和经济服务的可持续和循环型生物经济，协助应对气候变化等全球性和区域性挑战。作为 2012 年版战略的更新升级版，此次新的生物经济发展战略设定了三个关键目标，并在 2019 年实施 14 项具体举措 [29]。欧盟对生物技术产品的安全性有着非常严格的控制标准，对其商业化行为也采取较为谨慎的态度。在严格的管控下，近些年欧盟也对一些转基因玉米品种进行了审批，允许在欧盟国家进行种植或出售。例如，1998 年，欧盟批准种植美国孟山都公司的转基因玉米；2013 年 11 月，欧盟批准种植美国先锋种子公司的转基因玉米；2015 年 4 月，欧盟批准新的玉米、大豆、油菜、棉花等 10 种转基因食品或饲料在欧盟上市，有效期为 10 年 [30]。

3．英国

英国作为全球生命科学和生物技术的领先者，近年来一直大力支持农业和生物技术的发展。2012 年，英国发布《合成生物学路线图》，路线图的重点领域是药物与卫生保健、精细与特殊化学品、能源、环境、生物传感器、农业和粮食等。该路线图中提到的核心支撑技术有 DNA 设计、DNA 合成、快速测序、生物元件、微流体技术、酶进化和其他操作技术、计算机辅助生物设计及其他信息技术 [31]。2016 年，英国发布《合成生物学战略规划 2016》，指出要通过投资促进技术研发成果的转移转化，通过生物技术的发展拉动经济增长；继续研究和开发相应的基础性技术，提高生产效率，把握未来机遇 [32]。

4．韩国

韩国于 2006 年制定了面向 2016 年的《生物经济基本战略》，又于 2012 年确定了第二阶段实施计划 [33]。2007 年，韩国批准了《卡塔赫纳生物安全议定书》；2008 年，韩国颁布了《活转基因生物跨境移动法》，该法律也是管辖韩国生物技术相关事务的最高法律，对于转基因技术相关部门的职责做了明确的界定。2017 年 2 月 3 日，韩国公布了《生物原创技术开发计划》，该计划 2017 年的预算投入为 3157 亿韩元（按当时汇率约合 2.77 亿美元），其中的 1.18 亿美元将重点资助生物原创技术开发，包括新药、医疗器械、医药前沿技术、生物、基因组和脑科学六个领域。

5. 日本

2002年10月，日本出台《生物技术大纲》[34]。2013年，日本政府发布《科技创新综合战略》，阐述了安倍内阁的科技创新战略和政策，并自此定期发布年度战略，指导日本政府当年的科技创新工作。2014年，日本发布《科技与创新综合战略2014》，确定了日本科技创新政策的重点发展方向，并提出了五大科技创新行动计划及一揽子政策措施[35]。其中，“利用先进的基因组研究成果进行育种技术革新，开发新一代农林水产业技术、设计新的生产技术的研发计划”是五大科技创新行动计划之一“利用区域资源培育新兴产业”计划的重要内容。2016年，日本发布《第五期科技基本计划（2016—2020）》，提出将“利用新的育种技术开发高品质、高产的农林水产物，提高收益，构建新的粮食商业模式”列入率先解决的经济社会问题[36]。2016年6月28日，日本产业技术综合研究所（National Institute of Advanced Industrial Science and Technology，AIST）发布了《2030年研究战略》，提出了日本产业与科技创新的重点发展方向，其中与农业生物技术相关的方向是合成技术创新和生物芯片与健康可视化。

6. 德国

德国对生物技术历来都比较重视，20世纪60年代末，经济合作与发展组织（Organization for Economic Cooperation and Development，OECD）发布了生物技术将会在未来经济中扮演极其重要角色的报告，此时德国政府就开始动用财政支持生物技术的研发。20世纪70年代初，德国出现经济衰退，德国政府想通过技术创新来振兴本国的经济发展，将生物技术作为其资助的一个重要发展领域，把生物技术列为“关键技术”。从20世纪90年代起，德国陆续启动一系列生物技术相关计划，包括1990年开始的为期11年（1990年—2000年）的“生物技术2000计划”，1999年的BioRegio计划、BioChance资助计划，2001 年的 BioProfile 计划，2001 年—2002 年的“生物技术——利用和创造机遇”计划，2003 年的 BioChancePLUS 资助计划，以促进生物技术发展。

2010 年至今，德国政府相继发布了《生物经济 2030：国家研究战略》《国家生物经济战略》[37]，希望通过战略实施强化以自然资源可持续利用为导向的生物技术研发创新，将德国打造成为生物质产品、能源、工艺及相关服务的研究和创新国际中心。2016 年，德国就继续推进《生物经济 2030：国家研究战略》[38] 提出五个建议：①加强生物制药领域，包括“一体化健康”（One Health）方面的生物技术研发，强调基于生物的循环经济和水生生物经济；②在资助计划中有针对性地资助从研究到应用的合作，如资助由基础研究、应用研究、企业组成的网络；③在具有全球影响的关键领域与技术领先的国家开展长期合作；④建立国家生物经济平台，协调联邦和州的研究活动和资助计划，加强联邦、州及其他相关主体间的交流和协调；⑤在对生物经济创新起到关键作用的“小”学科领域做好能力储备，培养青年人才。

1.2.2　全球玉米分子育种技术研究进展

现代育种技术的升级改造在种业竞争中的作用越发明显，育种技术的研发和应用正在推动玉米育种水平的不断提升。近三十年，分子标记技术、双单倍体技术、转基因技术等相继进入玉米育种科研过程。美国玉米种业在系统化育种、专业分工、分子技术、转基因研究等方面的表现优于世界其他国家，其实际应用的分子技术包括自交系及杂交种全基因组分析（Genome Wide Analysis，GWA）、基因型选拔（Marker Based Genotypic Selection，MBGS）、基因平台（Genotyping Platforms，GP）、数量性状基因定位（Quantitative Trait Locus，QTL）

和性状关联筛选（Trait Association Selection，TAS）、单一核苷多型性分析（Single Nucleotide Polymorphism，SNP）、分子标记辅助筛选（Marker Assisted Selection，MAS）、分子标记辅助回交育种（Marker Assisted Backcross，MABC）、分子标记辅助轮回选拔（Marker Assisted Recurrent Selection，MARS）、蛋白质剖析（Protein Profile，PP）及代谢功能研究等[39]。

1．转基因育种

转基因育种是指通过在分子水平上进行基因操作，可以突破物种间的遗传障碍，超越物种间的不亲和性。植物基因工程中新的方法、技术不断涌现，并形成了成熟的实验流程。1996 年，美国的第一代转基因玉米品种开始投入市场。2005 年，孟山都公司释放了世界上第一个抗玉米根虫的转基因玉米品种。截至 2018 年，玉米已在 35 个国家 / 地区获批 137 个转化体，仍然是转化体获批数量最多的作物[19]。其中，耐除草剂玉米转化体 NK603 获得 28 个国家 / 地区和欧盟 28 国的 61 个批文，获得的批文数量仍然最多；抗虫玉米 MON810 获得 26 个国家 / 地区和欧盟 28 国的 55 个批文，耐除草剂和抗虫玉米 Bt11 获得 25 个国家 / 地区和欧盟 28 国的 54 个批文，耐除草剂和抗虫玉米 TC1507 获得 25 个国家 / 地区和欧盟 28 国的 53 个批文，抗虫玉米 MON89034 获得 24 个国家 / 地区和欧盟 28 国的 51 个批文，耐除草剂玉米 GA21 获得 23 个国家 / 地区和欧盟 28 国的 50 个批文；其次依次是耐除草剂和抗虫玉米 MON88017、抗虫玉米 MIR162 和耐除草剂玉米 T25。高通量的转基因技术是发现新基因和新性状的有效工具[40]。

玉米转基因育种涉及多种性状，包括抗虫、抗除草剂、优质、抗逆、抗病、高产、生物反应器、复合性状等，其中产品最多、应用范围最广的是抗虫、抗除草剂的玉米产品。抗虫转基因玉米的抗虫基因主要来源于苏云金杆菌（Bacillus thuringiensis），称为 Bt 基因。抗虫转基因玉米育种的发展趋势包括不断拓展靶标昆虫的范围、不断拓展相关基因的挖掘和应用，同时主要研究方向是培育与抗虫性状结合的复合性状新品种 [41]。CP4-EPSPS 是应用较广泛的抗草甘膦基因，来源于根癌农杆菌 CP4 菌株（Agrobacterium Tumefaciens Strain CP4），孟山都公司导入该基因研制的抗草甘膦转基因玉米 NK603 在后续的抗除草剂育种中应用较多 [42]。中国农业科学院作物科学研究所对来自细菌的 5- 烯醇丙酮酰亚胺 -3- 磷酸合成酶（EPSPS）编码基因 AM79 aroA 进行了密码子优化，把合成的基因 mAM79 转入玉米后，表现出对草甘膦的 4 倍剂量抗性 [43]。

虽然玉米遗传转化技术已得到广泛使用，但仍然存在一些亟待解决的问题，如遗传转化效率、再生效率、获得高质量的转化事件、简单易行的转化方法、基因型依赖性等。美国爱荷华州立大学及密苏里大学、中国农业大学、中国农业科学院，以及中国一些公司建立了多个规模化转基因技术平台，希望能解决这些问题，他们的玉米转基因技术平台农杆菌转化效率均已稳定在 5% 以上 [41]。国外的抗虫、抗除草剂的转基因玉米产品已经非常成熟，具有抗旱、优质、高产等复合性状的玉米产品也在不断增加，生物反应器产品开发方面亦取得了不错进展。在转基因玉米领域，国外跨国种业公司已远远走在世界前列，给中国玉米种业发展带来了巨大压力 [41]。据此有学者建议，加强基因编辑技术研发及其应用，深入研发玉米基因组中的基因及其功能，强化植物微生物的基因克隆和功能验证，挖掘出有自主知识产权的优异抗虫、抗除草剂等新基因，培育抗旱、抗病、养分高效利用等转基因玉米品种，采用科企合作方式研发生物反应器，以及加强基因叠加技术和产品研发将是未来转基因育种的主要方向 [41]。

2．分子标记辅助选择育种

在玉米育种领域，依托现代生物技术发展的随机扩增多态性DNA标记（Random Amplified Polymorphic DNA，RAFD）、扩增片段长度多态性（Amplified Fragment Length Polymorphism，AFLP）、简单重复序列标记（Simple Sequence Repeats，SSR）、单一核苷多型性分析SNP、数量性状基因定位QTL等分子标记方法得到了普遍应用。开发分子标记、利用分子标记开展重要农艺性状和产量性状的定位研究是分子育种的重要基础。20世纪80年代是分子标记技术开发的发展期，分子标记仅仅应用于改良简单性状，很少有针对复杂数量性状的分子辅助育种的实践。从20世纪90年代开始，分子标记辅助选择育种进入实际的应用时期，并证明了分子标记辅助选择育种可以改善玉米自交系的一般性状和提高玉米杂交种的产量。到目前为止，分子标记的类型经历了三个阶段[40]。①第一代分子标记：以限制性酶为基础的限制性片段长度多态性（Restriction Fragment Length Polymorphism，RFLP）等；②第二代分子标记：SSR、RAPD等，以聚合酶链式反应（Polymerase Chain Reaction，PCR）为基础的SSR是其中的代表；③第三代分子标记：以序列为基础的SNP标记展现了其巨大的利用潜力，孟山都公司和先锋良种公司都建立了可直接用于分子育种的遗传连锁图，其中含有几千个SNP标记。这些高通量的分子标记已经被广泛用于标记的辅助选择、回交选择和轮回选择。分子标记辅助选择育种技术可以分为MAS、MARS、MABC和分子标记辅助双群体相互轮回选择法（Marker Assisted Reciprocal Recurrent Selection）等[44]。

1.2.3 中国玉米分子育种技术发展现状

16世纪，玉米从美洲引入中国，经过几百年的种植与发展，玉米在中国农业生产中的地位越来越突出，形成了众多具有独特适应性的地方品种。中国历代育种家以此为基础，不断改良创新，从中选育出了多个优良本土化自交系，如黄早四、E28、丹 340、昌 7-2 等，这些本土化自交系及其衍生系至今仍在育种中发挥着重要作用。为丰富育种材料、拓宽种质遗传基础，中国也从外引杂交种中选育自交系，为玉米品种的更新换代做出了重要贡献[45]。

中国玉米育种始于 20 世纪初，中国玉米育种工作主要包括四个阶段[45, 46]。① 1925 年—1949 年，近代玉米育种的启蒙和创建时期。中国玉米育种研究在军阀混战、外敌入侵、社会动荡、机构变迁、经费困难等诸多不利条件下，还是进行了杂交种选育研究，所育成的一些综合种得到了广泛推广，但是杂交种没有在生产上应用。② 1949 年—1959 年，农家种的评选和品种间杂交种推广时期。以“金皇后”“金顶子”“白马牙”等为代表的 40 余个优良地方品种被评选并推广，在此基础上国家为了迅速提高粮食产量，提出了玉米改良及杂交种推广方案，全国各主要院校相继开展了品种间杂交种的选育工作，并在生产上同步推广。代表品种有陈启文选育的“坊杂 2 号”“坊杂 4 号”，张庆吉选育的“百杂 1 号”“百杂 2 号”，刘泰选育的“春杂 1 号”“春杂 2 号”等；李竞雄选育了“农大 3 号”“农大 4 号”“农大 7 号”等双交种，他系统论述了玉米杂种优势理论，奠定了中国玉米杂交育种的理论基础。③ 1959 年—1965 年，双交种推广时期，同时单交种也开始进入生产应用。20 世纪 50 年代末，国内各育种单位相继育成了一批双交种，因其产量比品种间杂交种高，因此得以迅速推广；到 1965 年，双交种已在生产上大面积种植，代表品种有“双跃 3 号”“农大 3 号”“农大 7 号”“春杂 5 号”“春杂 7 号”“春杂 12 号”“吉双 83 号”“新双 1 号”等。单交种的典型代表是河南新乡农科所张庆吉等选育的创造亩产 608 千克纪录的“新单 1 号”，这个品种在 10 多个省（直辖市、自治区）迅速推广。随后，中国玉米育种工作从选育双交种开始转向选育单交种，相继育成“白单4号”等20余个优良单交种，占中国玉米种植面积的25%以上。④1965年之后，单交种推广时期和6次品种更换。20世纪70年代后，中国玉米育种以单交种为主，双交种、顶交种等逐渐退出生产。目前，中国正在种植的玉米品种为第七代品种：第一代代表品种是新单1号、白单4号，推广时间是20世纪60年代中期至60年代末；第二代代表品种是群单105，推广时间是20世纪70年代初至70年代中期；第三代代表品种是丹玉6号，推广时间是20世纪70年代中期至80年代初；第四代代表品种是中单2号，推广时间是20世纪80年代初至80年代末；第五代代表品种是掖单13，推广时间是20世纪80年代中后期至90年代中期；第六代代表品种是农大108、农大3138、豫玉22，推广时间是20世纪90年代后期至21世纪初；第七代代表品种是郑单958，推广时间是21世纪初至今。

中国玉米在1980年以后逐步进入产业发展新阶段，且玉米育种越来越受到国家的重视。1983年，中国启动了玉米育种的国家科技攻关计划，玉米育种进入有组织、有计划、每五年为一期的协作攻关阶段，同时“国家高技术研究发展计划（863计划）”“国家重点基础研究发展计划（973计划）”“国家科技支撑计划”等科技计划对提升玉米育种水平起到了重要的支撑和保障作用，育成了“丹玉13”“掖单13”“农大108”“郑单958”等优良杂交种，中国玉米的单产和总产稳步提高，特别是掖单系列玉米的选育引领了中国玉米育种目标向耐密方向的转变[45]。

进入21世纪后，中国玉米分子育种的研发工作发展迅速，科研工作者利用各种生物技术手段改良玉米的农艺性状、提高育种效率、提升玉米单产。中国政府也随之出台了相关的战略与规划，为中国作物分子育种的发展指明了方向，保障了作物分子育种工作高效、有序地开展。中国第一部《生物产业发展规划》[47]于 2012 年 12 月 29 日发布，该规则提出，要提升生物育种核心竞争力，重点推动水稻、玉米、小麦、大豆、棉花、油菜、马铃薯与猪、禽、牛、羊、水产等动植物重大新品种的培育、扩繁与产业化。加快推进分子育种、细胞育种、航天生物工程、胚胎移植等现代生物技术与常规育种技术的集成应用。2016 年 7 月 28 日，国务院发布《“十三五”国家科技创新规划》[48]，提出要深入实施已部署的“转基因生物新品种培育”等国家科技重大专项，同时部署启动新的重大科技项目“科技创新 2030—重大项目”，其中种业自主创新，即以农业植物、动物、林木、微生物四大种业领域为重点，重点突破杂种优势利用、分子设计育种等现代种业关键技术，为国家粮食安全战略提供支撑。进入“十三五”后，中国政府又相继出台了《全国农村经济发展“十三五”规划》《全国种植业结构调整规划（2016—2020 年）》等一系列规划，重点布局了分子育种和基因编辑技术的研发与应用；2018 年 2 月 28 日，《国家生物技术发展战略纲要》也已启动编制[49]。

中国玉米分子育种技术目前与世界先进水平仍有差距，但该产业拥有具大的发展潜力，发展较为迅速，重点研发技术如下。

1．转基因育种

1999 年，中国首次利用农杆菌成功转化玉米杂交种[50]。截至目前，中国玉米转基因育种已取得了多项技术成果并进行应用，由此获得多项试验性品种，但现阶段中国不允许转基因玉米品种进入生产[5, 40]。中国农业科学院作物科学研究所刘允军等认为，中国玉米转基因技术体系研究起步较晚，目前已初步建立了玉米规模化转基因技术体系，为了更好地服务于玉米基因功能研究、新材料创制和品种培育，有必要进一步提高玉米遗传转化效率及规模化程度，主要方法是农杆菌介导法和基因枪法[51]。玉米转基因育种涉及多种性状，包括抗虫、抗除草剂、优质、抗逆、抗病、高产、生物反应器、复合性状等，其中产品最多、应用范围最广的是抗虫、抗除草剂的产品[41]。

2．分子标记辅助选择育种

依托现代生物技术的发展，RAPD、AFLP、SSR、SNP、QTL等分子标记方法在玉米分子育种领域得到了普遍应用[5]。在玉米育种领域，该技术为玉米遗传连锁图谱的构建、改良玉米品质和抗性等奠定了基础[52]。

1.2.4　主要机构研究概况

1．杜邦公司（美国）

杜邦公司成立于1802年，业务涉及农业与食品、楼宇与建筑、通信和交通、能源与生物应用科技等众多领域。杜邦公司在全球有150多家机构，技术人员超过9500人，每年的研发投资超过20亿美元，研发布局主要包括三个基础研发中心、四个地区研发中心[53]。

杜邦公司在20世纪80年代中期开始研究开发高价值种子、食品和天然纤维的方法，并与一家种子公司达成协议，开发出优良的玉米杂交品种。1990年至今，杜邦公司完成全面重组，剥离了能源业务，并利用生物技术实现了可持续增长的新愿景。1997年，杜邦公司收购先锋良种公司20%的股份，组建“Optimum Quality Grains，LLC.”合资企业；1999年，杜邦公司收购先锋良种公司80%的股份[54]；先锋良种公司成为杜邦公司的12个业务部门之一，并于2012年正式命名为杜邦先锋。

杜邦先锋的发展历程大致如下[55]：1920年，先锋良种公司的创始人Henry A. Wallace在艾奥瓦州约翰斯顿市外不远处的40亩大的农田中测试玉米自交组合，以创造更好的品质和更高的产量；1926年，Henrg A. Wallace创立世界第一家杂交玉米种子公司；1935年，该公司正式命名为先锋良种；1964 年，先锋良种进入南美洲市场；1991 年，先锋良种收购 Mycogen 种业股份公司，开始培育抗虫玉米、高粱、大豆、油菜等种子；1973 年—1994 年，先锋良种在美国玉米种子市场的份额由 23.8% 增长至 45%，稳居行业第一位；1989 年，先锋良种建立生物科技团队，开展玉米转基因研究。1993 年，先锋良种向孟山都公司购买抗虫转基因玉米专利。在 90 多年的发展历程中，杜邦先锋在全球建有 100 多个研发基地和 75 个种子生产工厂，已成为名副其实的全球种业巨头。杜邦先锋拥有世界上最大规模的玉米种质资源库，覆盖了 60% 以上的玉米种质资源，并在全球建立了 126 个育种站[56]，已经成功开发的转基因产品有抗虫和抗除草剂转基因玉米（TC1507 和 59122），其中 59122 转基因抗虫抗除草剂玉米对玉米根虫有很好的防治效果。杜邦先锋亦将继续研究具有新特性的转基因作物，如未来可能商业化的抗旱玉米、氮高效利用玉米等，以满足人类未来对食物、饲料和燃料等方面不断增长的需求[57]。

2．孟山都公司（美国）

孟山都公司是一家全球性的现代农业公司，业务范围主要涵盖生物育种技术及相关产品、作物保护产品、生物制剂和数据科学等领域，其优势集中在除草剂和转基因育种，产品包括大田作物种子和蔬菜种子、植物生物技术性状和农化产品等。孟山都公司相信创新有潜力将人类需求与地球资源相平衡，因此其通过开发产品和工具帮助世界各地的农民更有效地利用土地、水和能源种植农作物。孟山都公司总部设在美国密苏里州圣路易斯市，在全球 66 个国家和地区设有 404 个办事处，共有全球员工 21183 名[58]。孟山都公司是全球拥有最多农业技术专利的公司之一，世界上现有近 40% 的转基因作物品种都是由孟山都公司研发的。以孟山都公司为首的跨国农业巨头不仅形成了全面覆盖育种、生产、销售、服务一条龙产业链的业务体系，更控制着育种产业的命脉——种质资源、基因及关键技术的专利，并且不断通过科技研究的深化、专利布局的优化、企业管理的细化及效益的全环节精密控制，获得了在育种产业上的巨大优势[59]。

孟山都公司通过收购一系列植物生物技术公司和玉米种子公司，不断增强自身的玉米育种研发和商业化实力[60, 61]。最初的孟山都公司以农业化学为主，如除草剂 Roundup（农达），又称草甘膦，1981 年之后，孟山都公司确立了以生物技术为其发展方向，并成功研发出世界上第一个转基因植物。1997 年，孟山都公司推出保丰抗玉米螟玉米，应用种内基因技术对抗欧洲玉米螟；同年，孟山都公司收购 Holden 旗下的基础种子公司和美国玉米杂交服务公司，后者可以为玉米种业提供优质的基础型种子；孟山都公司保留了这两家公司的商业模式，通过对种子公司的广泛授权，分享优秀的玉米种质资源和基因技术。1998 年，孟山都公司完成对迪卡（DeKalb）生物科技公司的收购；推出抗农达玉米，这种玉米可以抗农达和其他草甘膦基除草剂；推出保丰抗玉米螟和抗农达玉米，成为第一家推出组合基因产品的公司。2001 年，孟山都公司推出 Roundup Ready® Corn 2，成为第一家推广第二代生物技术产品的农业公司。与第一代抗农达玉米技术相比，新产品能适应农民的更多要求，为农民们提供更广泛的选择。2002 年，孟山都公司发布产品 Processor Preferred® Corn Hybrids 和 Processor Preferred® Soybeans；孟山都公司是全球第一个发现能生产更多乙醇的杂交玉米的机构，并实现了该品种的市场销售，该杂交品种帮助农民从玉米中获得更多的乙醇，深受加工商的欢迎。2003 年，孟山都公司发布产品 YieldGard® Rootworm，帮助农民保护玉米不受线虫的危害。2004 年，孟山都公司发布产品改良的保丰玉米 YieldGard® Plus Corn，该产品具有孟山都公司的两种保丰玉米技术；孟山都公司成立了美国种子公司（ASI），并控股大部分的玉米和大豆种子产品，ASI 在资本、遗传研究和技术投资等方面为地方种子业务提供支持，并收购 Channel Bio 公司和它的三个种子品牌——Crows Hybrid Corn，Midwest Seed Genetics 和 Wilson Seeds。2005 年是生物技术作物在全球种植的第十个年头，是该行业发展史上重要的里程碑：全球种植了 10 亿英亩① 的生物技术作物。孟山都公司继续创新和释放第二代、第三代和性状叠加的种子产品，为世界各地的农业生产增加价值。2005 年，孟山都公司第一次推出三重性状技术、兼抗根虫与螟虫的玉米改良品种；这个种子产品包括三重技术——孟山都公司的两种保丰抗虫技术和抗农达技术；ASI 收购 NC+ 杂交作物公司，其总部在内布拉斯加州首府林肯市。2006 年，孟山都公司收购 Diener Seeds, Sieben Hybrids, Kruger Seed Company, Trisler Seed Farms, Gold Country Seed, Inc., Heritage Seeds, Campbell Seed（仅种子营销和销售）；孟山都公司和陶氏化学同意交叉许可知识产权、产品许可证和技术。2007 年，孟山都公司收购巴西玉米种子公司 Agroeste Sementes；孟山都公司旗下的美国种业公司并购 Rea Hybrids；孟山都公司成立国际种业集团（ISG），该公司收购了法国 Poloni Semences 和荷兰 Westen Seed；ASI 收购了 Hubner Seeds 公司和 Lewis Hybrids 公司。2007 年，孟山都公司和巴斯夫公司宣布在植物生物技术方面进行合作，两者宣布了一项针对 SmartStax 的交叉许可协议。2013 年，孟山都公司推出 Genuity® DroughtGard™ 杂交玉米品种。2016 年，孟山都公司发布产品 Roundup Ready® Xtend Crop System。2017 年种植季，孟山都公司推出了新型 DEKALB（迪卡）® Disease Shield™ 玉米系列产品，包括六种迪卡 Disease Shield 玉米产品，该系列产品对玉米的多种高发病害（包括炭疽茎腐病、玉米灰斑病、玉米内州萎蔫病、玉米大斑病，以及局部区域的玉米南方锈病）可提供保护，而且该系列产品拥有独特的性状，能够最大

① 此处面积单位与孟山都公司官网数据一致，10亿英亩≈4046856平方千米。

限度地优化玉米作物的产能[62]。

3. 巴斯夫公司（德国）

巴斯夫公司（BASF）是一家德国的化工企业，也是世界上最大的化工厂之一。巴斯夫公司在欧洲、亚洲、南/北美洲的41个国家和地区拥有超过160家全资子公司或者合资公司，总部位于莱茵河畔的路德维希港，是世界上工厂面积最大的化学产品基地。2018年7月19日，《财富》世界500强排行榜发布，巴斯夫公司列第112位[63]。

巴斯夫公司共设有五大业务领域，其中农业解决方案部具体业务领域如下。①以精准技术为农业服务。植物生物技术是一种现代化的种子培育技术。巴斯夫公司在这一领域的业务活动主要由巴斯夫作物科学部（BASF Plant Science）开展，其使命是满足农户日益增长的对提高产量和营养品质的需求，在世界各地有近800名员工，与学术界的合作伙伴共同组成全球科研网络。巴斯夫作物科学部的研发产品组合着眼于培育增产、保产的作物性状。这些性状主要分为三类：直接提高作物产量和抗逆性的性状，抗除草剂的性状，提高作物抵抗真菌病害能力的性状。②功能性作物护理。巴斯夫公司全新的功能性作物护理业务部进一步拓展了作物保护的内涵。其凭借化学创新和土壤管理、种子解决方案和作物护理三大重点领域的生物技术，致力于帮助种植者在未来获得更大的成功。种子解决方案涵盖了先进的化学和生物种子处理产品、孕育剂、聚合物和着色剂等，从一开始就提高种子健康程度和增产潜力。除传统的虫害防治产品之外，巴斯夫公司还提供各种生物控制和叶面产品。作为农业的可靠合作伙伴，巴斯夫公司在作物保护领域提供了久经考验的杀菌剂、杀虫剂和除草剂等，以完善的产品和服务帮助农户提高作物产量和品质。③动物营养。巴斯夫公司是全球领先的创新牲畜饲料和动物营养添加剂供应商，产品主要用于帮助农户养殖重要牲畜、提高饲料利用率和实现最优效能。其他业务还包括草坪、花卉、园林和观赏植物护理，以及城市专业虫控和农业卫生虫控、公共卫生等[63]。

4．拜耳作物科学（德国）

拜耳作物科学是一家全球领先的创新型作物科学公司，隶属于德国拜耳集团，致力于植物保护、种子处理、绿色生态科技和非农业虫害治理。拜耳作物科学的产品覆盖面非常广，同时提供配套服务来支持可持续发展的现代化农业和非农业应用技术[64]。拜耳作物科学的大田种子包括 Arize® 水稻和 InVigor® 杂交油菜等，其 LibertyLink® 和 GlyTol® 抗除草剂技术可帮助棉农更高效地控制杂草。拜耳作物科学的大田种子产品尚未在中国销售，但其中的部分生物技术产品已经获得中华人民共和国农业农村部颁发的《农业转基因生物安全证书（进口）》[65]。

5．陶氏化学（美国）

陶氏益农是陶氏化学的全资子公司，致力于作物保护产品及服务技术的创新和研发。陶氏益农通过收购多家玉米种子公司，不断增强了自身的玉米育种研发和商业化实力。

2007 年，陶氏益农收购巴西玉米种业公司 Agromen Techologia Ltd.、澳大利亚公司 Maize Technologies（包括它的玉米业务）、荷兰 Duo Maize、美国 Triumph Seeds（业务以向日葵、高粱、玉米为主的种业公司）。2008 年，陶氏益农收购 Dairyland Seed 公司与 Bio-Plant Research 公司，加大育种项目投资力度；收购美国 Renze Hybrids 公司，巩固玉米和大豆业务；收购美国种业公司 Brodbeck Seeds，扩大陶氏益农在美国东部玉米带的种子业务；收购巴西玉米种业公司 Goodetec；收购德国玉米杂交技术公司 Suedwestsaat 公司。2009 年，陶氏益农收购伊利诺伊玉米种业公司 Pfister Hybrids 的大部分资产；

收购加拿大玉米、大豆、稻谷种业公司 Hyland Seed。2010 年，陶氏益农收购科罗拉多种业公司 Grand Valley Hybrids 的大部分资产。2011 年，陶氏益农收购 Sansgaard Seed Farms 的相关品牌。2015 年，陶氏益农将 PowerCore™技术加入其玉米性状产品阵容，可用于防控欧洲玉米螟、西南玉米螟、棉铃虫、西部豆夜蛾、地老虎和秋黏虫等地上害虫[66]。2015 年 12 月，美国最大的两家化学公司杜邦公司（DuPont）与陶氏化学（Dow Chemical）达成平等合并协议，成为全球最大的化学公司，市值达 1300 亿美元。2017 年，陶氏益农的 Enlist 性状玉米在美国的种植面积大约为 50 万英亩，且在当年 6 月获得了中国和欧盟的批准，2018 年陶氏益农全面上市 Enlist 性状玉米[67]。

6. 北京大北农科技集团股份有限公司（中国）

1993 年，北京大北农科技集团股份有限公司（以下简称大北农公司）由以邵根伙博士为代表的青年学农知识分子创立。作为一家农业高科技企业，大北农公司秉承“报国兴农、争创第一、共同发展”的企业理念，致力于以科技创新推动中国现代农业的发展。大北农公司产业涵盖养殖科技与服务、作物科技与服务、农业互联网三大领域，拥有近 2 万名员工、1600 多人的核心研发团队、160 多家生产基地和近 300 家分 / 子公司，在全国建有 10000 多个基层科技推广服务网点。2010 年，大北农公司在深圳证券交易所挂牌上市，成功登陆资本市场，成为中国农牧行业上市公司中市值最高的农业高科技企业之一[68]。

大北农公司建立了从前沿技术研究、技术集成转化到成果示范推广的快速、高效、精确的工程化创新体系，大北农公司在动物营养、生物饲料、生物育种、动物保健及生物农药方面设有 7 个科研中心，现有核心研发人员 1635 人。大北农公司的作物育种平台具有“作物生物育种国家地方联合工程实验室”“农业部作物基因资源与生物技术育种重点实验室”“北京市作物分子育种工程技术研究中心”“作物生物育种北京市工程实验室”等研发平台资质[69]，该平台具有如下特征。①中国特色的育种材料创制。该平台联合中国农业大学、北京农林科学院等科研机构，以及辽宁、北京、山东等地的民间育种机构构建玉米育种材料创新联盟平台，形成了“以 DH 育种技术为核心，整体协同配合、优势互补、链式流水线作业的工程化育种组织模式”，发挥各自选育材料、路线、方向和地域等特点，共同确定选育目标、交换选育材料，分工协作并建立利益分享机制，每年产出 DH 系 15000 多份，为下一代玉米品种选育创制新的骨干自交系。②大规模品种测试体系建设。该平台的品种田间测试技术具有如下特点：大范围空间优化、多点次多品种、小区组多对照、无重复或少重复、多层次少指标、极端强化辅助鉴定等。大北农公司已经在北京、长沙、三亚三地投入 2000 万元新增育种试验用地 891 亩，建有 4 个玉米育种中心，拥有 174 个玉米品种测试站。

目前，大北农公司一直在积极推进作物生物技术的研发，通过先行试点，拓展公司在阿根廷、巴西的大豆、玉米生物技术市场，形成作物产业的核心竞争能力。大北农公司的玉米已进入第四代技术研发过程中，玉米生物技术也早具备可商业化的条件。邵根伙博士表示，大北农的定位仍是农业科技公司，并已做好推广玉米技术的准备，可以和海外同行开展竞争[70]。2018 年，大北农公司的 20 个新品种同时通过国审、上市，这其中包括 8 个玉米新品种，这些品种覆盖了东 / 华北、黄 / 淮海、黑龙江北部及东南部山区第四积温带，且能同时满足不同熟期的种植需求[71]。

7. 中国农业大学（中国）

中国农业大学作为教育部直属高校，是中国现代农业高等教育的起源地，其起源于 1905 年成立的京师大学堂农科大学。1949 年 9 月，北京大学农学院、清华大学农学院和华北大学农学院合并为北京农业大学。1952年10月，北京农业大学农业机械系与中央农业部机耕化农业专科学校、华北农业机械专科学校、平原省农学院合并成立北京农业机械化学院，1985年10月更名为北京农业工程大学。1995年9月，北京农业大学与北京农业工程大学合并成立中国农业大学[72]。

中国农业大学农学院现有4个系、9个研究中心，以及多项国家级、省部级科研平台，如国家玉米改良中心、玉米育种教育部工程研究中心、农业农村部玉米生物学与遗传育种重点实验室等。自20世纪五六十年代开始，以中国杂交玉米之父李竞雄教授为学科带头人的研究团队率先开展双交种玉米研究，并在国内大力推动玉米杂种优势利用研究，由此带动了全国玉米杂交种的推广，为提升中国杂交玉米育种水平奠定了基础。改革开放之后，以戴景瑞、许启凤、宋同明教授等为代表的创新研究团队，继承和发展了李竞雄等老一辈科学家优质玉米选育的理论与实践，在高产、高油玉米育种等方向上继续开展研究工作，先后育成优良自交系X178、P138、1145及优良自交系黄C，依托这些新材料，成功选育出在国内有很大影响的农大3138、农大108、高油115等重要杂交种[73]。戴景瑞院士团队将多种育种技术相结合，选育出了遗传基础广泛、自身产量高、综合抗性好的优良玉米自交系——综3和综31，拓宽了玉米育种试材的遗传基础，创造了新的杂种优势群和新的杂优模式，选育出了高产、优质、抗病、适应性强的多个玉米杂交种，实现了大规模产业化；该团队进一步利用这2个优良系的组配特性，开展体细胞系筛选和转基因研究，育成了抗玉米小斑病C小种的不育系，并大规模用于种子生产；导入Bt基因育成了抗虫转基因杂交种，目前已经进入环境释放试验；由综3和综31参与组配出7个杂交种，其中农大60、农大3138和豫玉22在全国 20 多个省（直辖市、自治区）栽培，迄今已累计推广近 1.7 亿亩，增产粮食 85 亿千克，增加收入达 85 亿元，为农业增产做出了重要贡献。李建生教授团队与华中农业大学严建兵教授、中国农业科学院王国英教授合作，利用基因组学技术克隆了提高玉米籽粒软脂酸含量的主效 QTL，以及控制维生素 A 源含量的主效 QTL-crtRB1、QTL-qPal9 和控制玉米籽粒含油量的主效 QTL-qHO1，挖掘了相应的优良等位基因；在基因组水平上证实了优良等位基因的累加是人工选择高油玉米形成的遗传学基础；发现 QTL-crtRB1 的优良等位基因在热带及亚热带和温带玉米材料中分布频率明显不同的遗传规律，提出了利用温带玉米优良等位基因改良热带玉米维生素 A 源含量的新思路；李建生教授团队开发了 6 个与油份有关的功能标记，6 个与维生素 A 源有关的功能标记和 2 个与维生素 E 有关的功能标记；通过玉米重要营养品质优良基因发掘与分子育种，育成中农大甜 413、中农大 414、中农大甜 419 等品种 [74]。

8. 四川农业大学（中国）

四川农业大学是一所以生物科技为特色、以农业科技为优势、多学科协调发展的国家“211 工程”重点建设大学和国家“双一流”建设高校 [75]。四川农业大学玉米研究所将常规育种方法和现代高新生物技术手段相结合，选育普通粒用玉米、青贮青饲玉米、新型饲草玉米和鲜食玉米新品种，研究玉米重要农艺经济性状分子遗传学基础及其分子育种应用，选育优良自交系 10 多个、玉米新品种 40 余个 [76]。20 世纪 90 年代初，在荣廷昭院士的带领下，四川农业大学玉米研究所即开始了甜糯玉米育种研究，历经 20 多年的不断创新，在“川单”和“荣玉”系列甜糯玉米中涌现出了“荣玉甜 1 号”“荣玉糯 9 号”“荣玉甜 9 号”等甜糯玉米品种 [77]。

1.3 研究的目的与意义

1.3.1 专利在农业领域的作用

随着农业现代化飞速发展，农业领域科技成果加速更新迭代，只有深刻地意识到知识产权是增强中国农业竞争力的核心，高度重视农业科技创新，充分利用自主知识产权维护竞争优势，才能从根本上保障中国粮食的安全，促进现代化农业的持续稳定发展[78]。

专利是知识产权的重要分支，在《专利法》的指导下，对专利权人的发明创造进行保护，也是一种国际通用的、以法律和经济手段促进发明创造的有效方法，发明人可以通过申请专利，对自己的脑力和体力劳动成果进行保护，并依法享有对劳动成果的财产权。就农业领域而言，加强对农业专利的保护，不仅可以加强各国之间的科技竞争和人才竞争，促进农业科技发展，还可以对农业科技成果进行保护，将科技竞争转换为经济竞争，加快农业的成果转化。从全球角度来看，美国是对农业科技成果保护最完善也是最早开始进行知识产权保护的国家，以植物新品种领域为例[78]，美国已具有集发明专利、植物专利、植物新品种保护、商业机密等多形式于一体的多重保护体系，利用严格的制度为农业成果提供最强的保障；同时，美国杜邦公司、孟山都公司等大型跨国公司注重产品在海外扩张，既将技术进行了全面布局，又避免了在美国国内类似技术密集申请带来的恶意竞争；此外，美国成熟的科技成果转化机制，企业并购、整合的完整链条，处理知识产权纠纷严格的法律制度等均很好地保护了其农业科技成果并促进了成果的产业化、市场化。

1.3.2　中国农业发展中存在的专利问题

有学者对 2007 年—2016 年中国农业领域的专利申请趋势做了统计，2007 年—2016 年中国农业专利申请数量不断递增[79]，但专利数量的增加不代表专利质量好，也不代表知识产权保护效果好，中国在农业领域的知识产权保护仍存在许多问题。

第一，以美国为首的世界发达国家拥有全球 90% 以上的玉米基因专利、75% 以上的棉花基因专利和 71% 以上的水稻基因专利，而中国的基因专利数量不足美国的 1/10，尤其是新型载体、定点整合等重要技术手段基本被发达国家垄断，中国农业的科技竞争力不足[80]。第二，申请保护的品种同质化严重，近些年主流玉米品种并没有完全突破郑单 958 和先玉 335，水稻和小麦也存在着类似问题。第三，企业自主创新意识不强，拥有科研业务的企业相对较少，企业与科研院校之间的合作沟通还停留在浅层。科研单位和高校仍是农业成果申请专利的主力军，但科研单位的科技成果存在转化率低、利用率低的现象。第四，在面临知识产权纷争时，中国还存在一定的维权工作难、法律法规不够健全的情况，造成侵权现象时有发生，严重打击了专利权人投入研发的积极性[78, 79]。

1.3.3　本研究的意义

分子育种技术是现代生物技术的核心，运用分子育种技术培育高产、优质、多抗、高效的玉米新品种，对保障粮食和饲料安全、缓解能源危机、改善生态环境、提升产品品质、拓展农业功能等具有重要作用。目前，世界许多国家把分子育种技术作为支撑发展、引领未来的战略选择，分子育种技术已成为各国抢占科技制高点和增强农业国际竞争力的战略重点。

中国的玉米分子育种相关技术虽然取得了一定的进步和发展，但是与发达国家相比还有一定差距，主要表现在技术创新水平和国际竞争力相对较低。

专利分析是指利用文献计量学方法对专利说明书、专利公报中的相关信息进行分析加工，从而得出的对未来决策有参考价值的过程。因此，通过对玉米产业相关专利数量、年度趋势、地区分布、技术重点分布、专利权人情况和主要竞争者技术差异等方面的数据进行挖掘，不仅可以明确业内竞争对手的技术性竞争优势，找到技术空白点，还可以揭示世界玉米产业的发展规律，了解世界玉米产业的发展动态，为规避侵权风险、把握中国玉米相关技术的研发方向提供量化支撑。一直以来，科技进步都是推动中国玉米产业发展的重要手段，中央政府和地方政府一再加大对玉米科研经费和人力资源的投入，为解决关键技术难题、加强自主知识产权的创新和保护提供了有力保障，有效地扩大了中国玉米产业相关技术的世界影响力。可以说，技术进步是促进产业发展的基础，而专利分析则是基础中的基础。

本书针对玉米分子育种的全球专利进行分析，形成有深度和广度的研究内容，为相关课题研究者和决策领导提供重要的信息支撑，为中国发展玉米分子育种面临的知识产权问题和产业化需要解决的配套措施提供参考。

1.4 技术分解

本书以玉米分子育种的重点技术为专利检索与分析的主线，以分子标记辅助选择、基因编辑、转基因技术、载体构建、单倍体育种等技术方法，以及抗虫、抗除草剂、抗病和抗非生物逆境等具体应用领域作为辅助，完成全部玉米分子育种专利的检索。玉米分子育种重点技术分解如表 1.1 所示。此外，为深入了解玉米分子育种相关专利所包含的具体信息，本次专利分析特请领域专家对全部专利进行了技术分类标引，应用领域包括 6 个领域，技术方法包括 7 个领域，每个分类的专利数量也在表中列出，在本书后续章节的技术分析及应用分析中，均采用此分类进行分析。

表 1.1　玉米分子育种重点技术分解

一级技术分类	二级技术分支	专利数量（项）	三级技术分支
应用领域	抗虫	2524	抗玉米螟、抗棉铃虫、抗黏虫、抗根甲虫（限定为根甲虫）、抗蚜虫、抗地老虎、抗二点委夜蛾
	抗除草剂	2053	抗草甘膦、抗草铵膦、抗麦草畏、抗百草枯
	抗病	2312	抗纹枯病、抗粗缩病、抗大斑病、抗小斑病、抗灰斑病、抗青枯病、抗丝黑穗病、抗锈病
	抗非生物逆境	2335	抗旱、耐盐碱、耐低温、耐高温、耐涝
	营养高效	789	营养、氮高效、磷高效、钾高效
	优质高产	2844	高赖氨酸、高油、植酸酶、维生素E、优质蛋白、细胞质雄性不育、细胞核雄性不育、高光效、适宜机采、耐倒伏、株高、穗位高、花期、籽粒大小、穗行数、穗粒数、行粒数、容重、耐密
技术方法	分子标记辅助选择	760	限制性片段长度多态性
			随机扩增多态性DNA
			随机扩增片段长度多态性DNA
			简单重复序列
			竞争性等位基因特异性PCR
			酶切扩增多态性序列
			单倍型

（续表）

一级技术分类	二级技术分支	专利数量（项）	三级技术分支
技术方法	分子标记辅助选择	760	单核苷酸多态性
			基因芯片
			育种芯片
			高通量测序
			InDel标记
	基因编辑	413	CRISPR、RNAi、TALEN、ZFN
	转基因技术	6252	农杆菌介导法/农杆菌转化法（根癌农杆菌和发根农杆菌）、基因枪法、花粉管通道法
	载体构建	2283	组成型表达、诱导表达、组织器官特异表达
	单倍体育种	613	诱导系
	基因组选择	98	基因组预测、基因组估计育种值、基因分型技术
	杂种优势	480	杂优模式、杂交种预测、杂种优势位点

1.5 相关说明

1.5.1 数据来源与分析工具

本书采用的专利文献数据主要来自德温特创新索引（Derwent Innovations Index，DII）数据库。该数据库是由科睿唯安（Clarivate Analytics，原汤森路透公司）出版的基于 Web 的专利信息数据库。Derwent Innovations Index 4.0 将 Derwent World Patents Index（DWPI）中超过 50 个专利发布机构索引的高附加值专利信息与 Derwent Patents Citption Index（DPCI）中索引的专利引用信息组配在一起。

用户不仅可以通过专利标题、摘要、国际专利分类代码、德温特分类代码精确检索专利信息，而且可以根据专利的引用信息监控发明带来的技术演进和影响力。DII 专利数据库收录了来自全球 50 余个专利发行机构的 1200 多万个基本发明；专利覆盖范围可追溯到 1963 年，引用信息可追溯到 1973 年，是检索全球专利最权威的数据库之一。

本书的专利检索截止时间为 2018 年 5 月 17 日。专利分析采用科睿唯安的专业数据分析工具（Derwent Data Analyzer，DDA）和德温特创新平台（Derwent Innovation，DI）。DDA 是一个具有强大分析功能的文本挖掘软件，可以对海量数据进行清理、标引、挖掘和可视化的全景分析，还能够帮助情报人员从大量的专利文献或科技文献中发现竞争情报和技术情报，为洞察科学技术的发展趋势、发现行业出现的新兴技术、寻找合作伙伴、确定研究战略和发展方向提供有价值的依据。DI 专利数据库基于 DWPI 建立，数据涵盖了来自全球 50 余个专利授权机构的专利记录，以及 2 个防御性公开的非专利文献。此外，DI 专利数据库还具有强大的分析功能和可视化工具，帮助用户洞察竞争对手、技术热点、市场趋势、核心技术发展方向等重要情报。

此外，本书还利用智慧芽专利检索平台的专利法律事件和 IncoPat 专利分析数据库中专利被引频次和专利合享价值度等指标，进行近十年全球专利技术研发竞争力对比分析并筛选出高价值专利。

1.5.2 相关术语

1. 专利家族

同一项发明创造在多个国家或地区申请专利保护，而产生的一组内容相同或基本相同的专利文献出版物，称为一个专利家族。专利家族可分为广义专利家族和狭义专利家族两类。广义专利家族指一件专利后续衍生的所有不同的专利申请，即同一技术创造后续所衍生的其他发明，加上相关专利在其他国家所申请的专利组合。本书所述专利家族都是指广义专利家族，专利家族数据都来自 DII 专利数据库中的 DWPI 专利家族。

2．基本专利、同族专利

在同一专利家族中，每件文件出版物互为同族专利。科睿唯安公司规定先收到的主要国家的专利为基本专利，后收到的同一发明的专利为同族专利。

3．专利项数与件数

由于本书所采用的 DII 专利数据库中的记录是以专利家族为单位进行组织的，故一个专利家族代表了一“项”专利技术，如果该项专利技术在多个国家提交申请，则一项专利对应多“件”专利。本书中，整体分析以“项”为单位，书中也对“项”和“件”做了区分，特在此说明。

4．专利价值

专利价值计算模型基于目前最高的质量标准 FMEA（失效模式与影响分析，遵循 QS9000），该计算体系整合了 25 个不同的维度（包括引用、被引用、专利家族规模、家族覆盖区域、专利年龄、法律状态等），同时基于历史上的专利成交案例等进行调整。

本书中的专利价值数据计算包括法律、技术质量、专利权人、市场覆盖和市场吸引力等几个维度。

法律指专利被保护的程度和法律稳定性如何，需要综合考量诉讼案、权利要求被放弃的情况、专利年限等；技术质量主要考量专利强度，利用国际专利分类（International Patent Classification，IPC）覆盖范围计算（覆盖更广的 IPC 意味着分数更高），以及是否为标准基础专利等；专利权人则综合考量研发投入 / 公司影响力 / 发明人数量等；市场覆盖主要考量一个专利家族覆盖多少地区和专利家族大小，同时考量国内生产总值（Gross Domestic Product，GDP）及在未来短期内的产业投入；市场吸引力主要考量 IPC 分类号，包括多年来该项技术类别的规模和发展，在该领域有多少竞争对手等。

第 2 章

玉米分子育种全球专利态势分析

2.1 全球专利年代趋势

截至 2018 年 5 月 17 日，玉米分子育种领域全球专利数量为 8887 项。图 2.1 为全球玉米分子育种专利年代趋势，虽伴有阶段性回落，但总体呈现逐步上扬的态势。考虑到专利从申请到公开的时滞（最长达 30 个月，其中包括 12 个月的优先权期限和 18 个月的公开期限），2016 年—2018 年的专利数量与实际不一致，并未检索到 2018 年公开的专利数据，因此不能完全代表这三年的申请趋势。本书其余章节的专利数量统计数据也是如此，不再赘述。

与全球玉米分子育种相关的最早的一项专利出现于 1971 年，是由 Patterson Earl Byron 申请的 US3861079A “Commercial hybrid maize prodn. using genic male sterility gives predictable seed varieties of above half homozygous male sterile genotype”。该专利内容提及了玉米分子育种在提高玉米品质和产量方面的作用。

图 2.2 为全球玉米分子育种专利技术生命周期，由于 1971 年—1978 年专利数量较少，合并为一个节点，其余年份以三年作为一个节点，每个节点的专利权人数量为横坐标，专利数量为纵坐标，通过专利权人数量和专利数量的逐年变化关系，揭示全球玉米分子育种专利技术所处的发展阶段。通常意义上讲，技术生命周期可

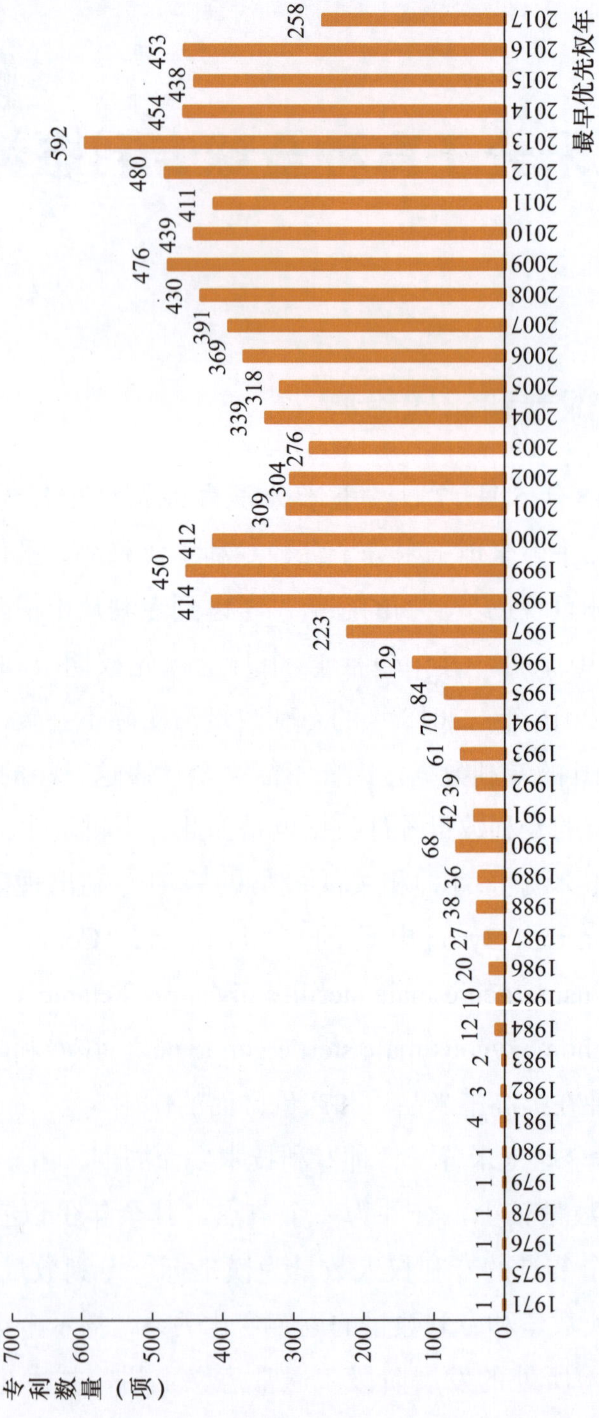
专利数量（项）
700
600
500
400
300
200
100
0
最早优先权年
1971 1
1975 1
1976 1
1978 1
1979 1
1980 1
1981 4
1982 3
1983 2
1984 12
1985 10
1986 20
1987 27
1988 38
1989 36
1990 68
1991 42
1992 39
1993 61
1994 70
1995 84
1996 129
1997 223
1998 414
1999 450
2000 412
2001 309
2002 304
2003 276
2004 339
2005 318
2006 369
2007 391
2008 430
2009 476
2010 439
2011 411
2012 480
2013 592
2014 454
2015 438
2016 453
2017 258

图 2.1 全球玉米分子育种专利年代趋势

划分为 5 个阶段：①萌芽期，社会对该技术了解不多，投入意愿低，机构进行技术投入的热情不高，专利申请量和专利权人的数量都不多；②成长期，产业技术有了突破性的进展，或者各个专利权人对技术的市场价值进行判断，投入大量精力进行研发，该阶段专利数量和专利权人的数量急剧上升；③成熟期，此时除少数专利权人之外，大多数专利权人已经不再投入研发力量，也没有新的专利权人愿意进入该市场，此时的专利数量及专利权人的数量增加的趋势逐渐缓慢；④衰退期，产业技术研发或因为遇到技术瓶颈难以突破，或因为产业发展已经过于成熟而趋于停滞，专利数量及专利权人数量逐步减少；⑤恢复期，随着技术的革新与发展，原有的技术瓶颈得以突破，之后带来新一轮的申请量的增加。

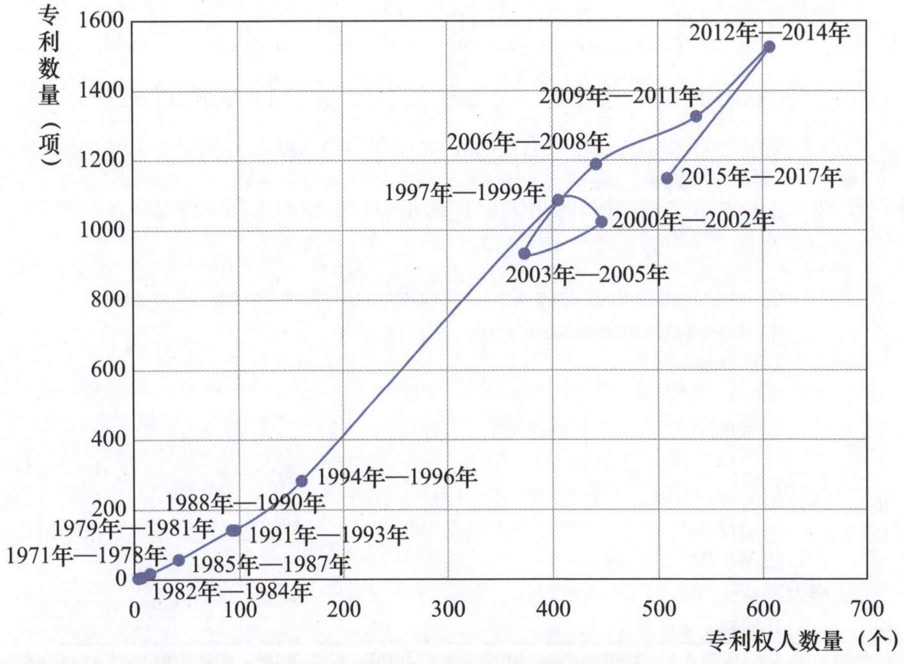

专利数量（项）
1600
1400
1200
1000
800
600
400
200
0
0
100
200
300
400
500
600
700
专利权人数量（个）
2012年—2014年
2009年—2011年
2006年—2008年
2015年—2017年
1997年—1999年
2000年—2002年
2003年—2005年
1994年—1996年
1988年—1990年
1979年—1981年
1991年—1993年
1971年—1978年
1985年—1987年
1982年—1984年

图 2.2 全球玉米分子育种专利技术生命周期

从图 2.2 中可以看出，全球玉米分子育种技术从 1971 年开始有专利公开，经历了较长的萌芽期（1971 年—1990 年），随后进入成长期（1991 年—1999 年），随后该领域迎来了一次明显的衰退期（2000 年—2005 年），在突破技术瓶颈后，从 2006 年至今处于恢复期，专利数量与专利权人数量恢复逐年稳定增加的趋势。2015 年—2017 年的专利数量数据不够完整，所以其曲线上的回落不代表技术衰退。

2.2 全球专利地域分布

2.2.1 全球专利来源国家 / 地区分析

图 2.3 为全球玉米分子育种专利主要来源国家 / 地区分布，最早优先权国家 / 地区在一定程度上反映了技术的来源地。从图 2.3 中可以看出，专利数量排名前五的国家 / 地区依次是：美国、中国、欧洲、英国、韩国。其中，美国为玉米分子育种专利的主要来源国家，专利数量为 5560 项，占全部专利的 62.56%；中国专利数量为 1768 项，占全部专利的 19.89%；其他国家专利数量较少。

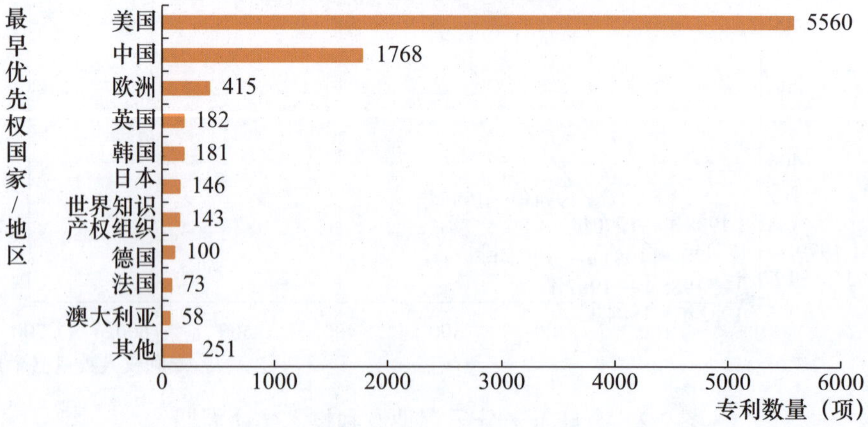
最早优先权国家/地区
美国
中国
欧洲
英国
韩国
日本
世界知识产权组织
德国
法国
澳大利亚
其他
5560
1768
415
182
181
146
143
100
73
58
251
0
1000
2000
3000
4000
5000
6000
专利数量（项）

图 2.3　全球玉米分子育种专利主要来源国家 / 地区分布

表 2.1 显示了全球玉米分子育种主要专利来源国家 / 地区活跃机构及活跃度。可以看出，中国在该领域的研发活动起步晚于欧美国家，于 1992 年开始有玉米分子育种相关专利出现，但 2015 年—2017 年的活跃度很高，在全部的 1768 项专利中，有 38% 的专利均是这段时间申请的，主要专利权人包括北京大北农科技集团股份有限公司、中国农业大学和四川农业大学。美国是玉米分子育种领域最早申请专利的国家，其中杜邦公司的专利数量为 1839 项，占美国全部专利数量的 33%，可见该公司的技术实力较为雄厚。韩国 1997 年才开始申请相关专利，但 2015 年—2017 年的活跃度也较高。

表 2.1　全球玉米分子育种主要专利来源国家 / 地区活跃机构及活跃度

国家 / 地区	专利数量（项）	主要专利权人	年代跨度（年）	2015 年—2017 年专利数量占比
美国	5560	杜邦公司 [1839]; 孟山都公司 [919]; 陶氏化学 [352]	1971—2017	7%
中国	1768	北京大北农科技集团股份有限公司[104]; 中国农业大学 [81]; 四川农业大学 [63]	1992—2017	38%
欧洲	415	巴斯夫公司 [193]; 拜耳作物科学 [57]; 帝斯曼知识产权资产有限公司 [19]	1986—2016	5%
英国	182	阿斯利康公司 [39]; 先正达公司 [36]; PBL公司 [23]	1986—2016	5%
韩国	181	韩国农村振兴厅 [41]; 浦项科技大学工业基金会[14]; 延世大学工业学术合作社[9]	1997—2017	13%

注：[ ] 内数据为专利数量，下同。

图 2.4 为全球玉米分子育种专利主要来源国家 / 地区技术分布。可以看出，各国家 / 地区的技术分布主要集中在转基因技术，其次

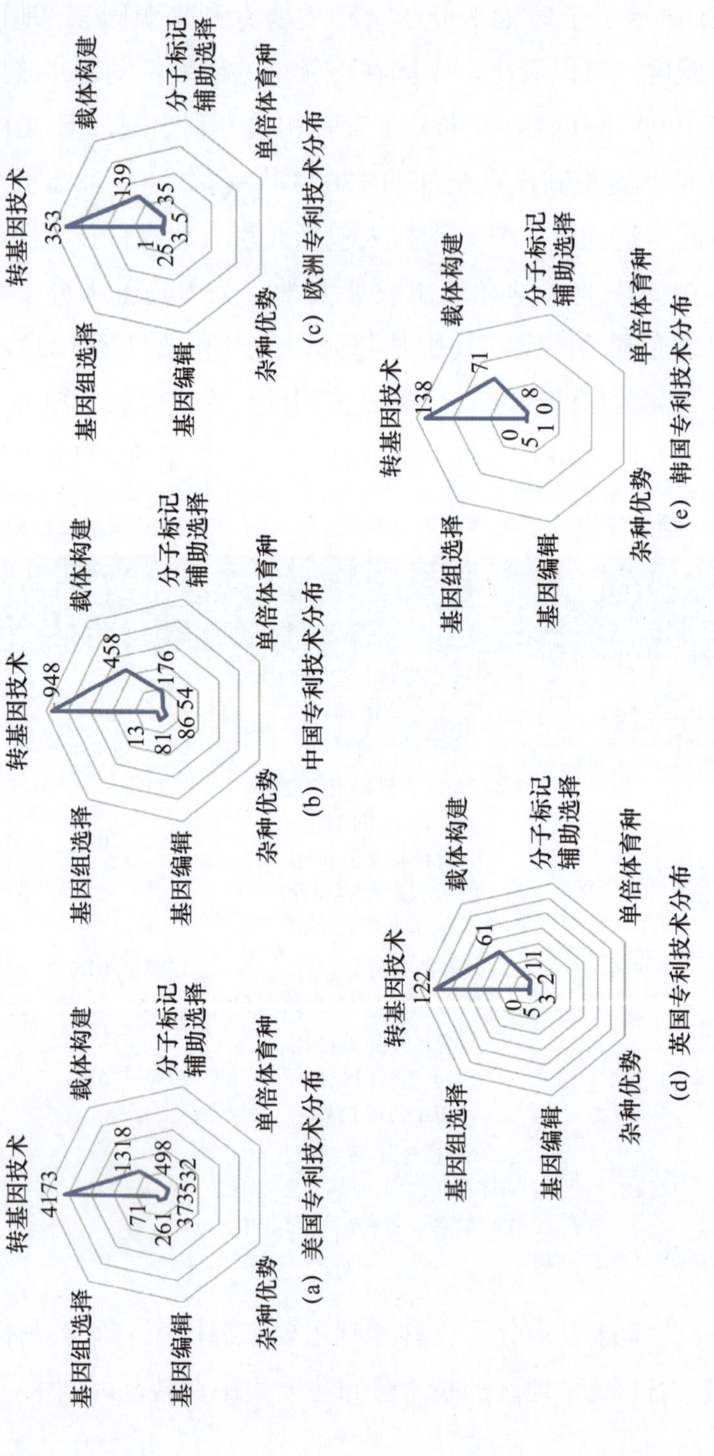
转基因技术
载体构建
分子标记辅助选择
单倍体育种
杂种优势
基因编辑
基因组选择
4173
1318
498
532
373
261
71
948
458
176
54
86
81
13
353
139
35
25
122
61
138
71
8

(a) 美国专利技术分布

(b) 中国专利技术分布

(c) 欧洲专利技术分布

(d) 英国专利技术分布

(e) 韩国专利技术分布

图 2.4 全球玉米分子育种专利主要来源国家 / 地区技术分布（单位：项）

是载体构建。这两项技术专利数量最多的国家是美国和中国，这两个国家在 7 个技术领域均有专利布局，但在基因组选择领域的专利数量相对较少。英国目前在基因组选择领域没有专利布局，韩国在单倍体育种和基因组选择领域没有专利布局。

2.2.2　全球专利受理国家 / 地区分析

对一般企业和研究机构而言，专利首先会选择在本国申请，一些竞争力强、技术保护意识好的企业为了保持自己在市场上的主导地位、构建目标区域专利壁垒或有意全面开拓目标市场并增强知识产权防御能力，就会考虑在国外开展专利布局。因此，一个国家 / 地区的专利受理情况，在某种程度上反映了技术的流向，也反映了其他国家对该国市场的重视程度。

将玉米分子育种领域全球 8887 项专利家族展开后得到 34182 件同族专利。全球玉米分子育种专利受理国家 / 地区分析如图 2.5 所示。其中，美国受理的专利共 8091 件，约占全球玉米分子育种

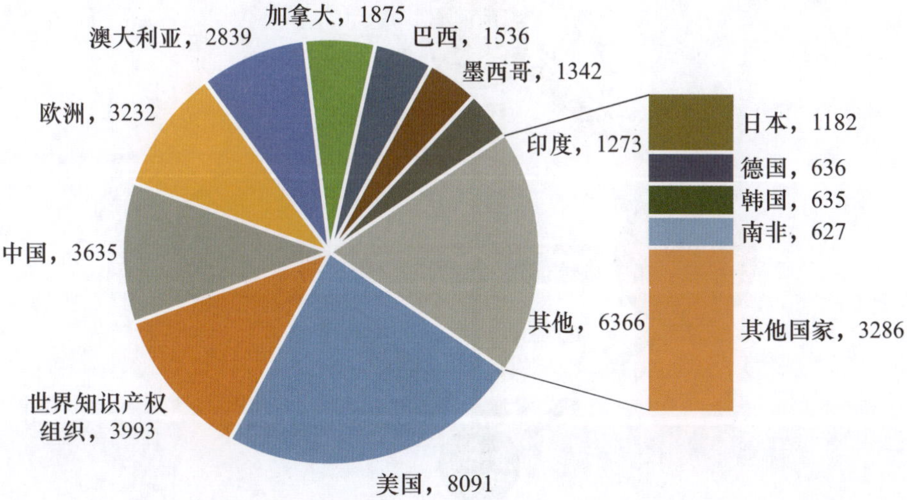
加拿大，1875
澳大利亚，2839
巴西，1536
墨西哥，1342
欧洲，3232
印度，1273
日本，1182
德国，636
韩国，635
南非，627
中国，3635
其他，6366
其他国家，3286
世界知识产权组织，3993
美国，8091

图 2.5　全球玉米分子育种专利受理国家 / 地区分析（单位：件）

专利总量的 23.67%，是该领域技术流向的主要国家，是全球最受重视的技术市场；在世界知识产权组织受理的专利共 3993 件，约占全球玉米分子育种专利总量的 11.6%；中国受理的专利共 3635 件，其中主要是中国专利权人提交的申请。

2.2.3 全球专利技术流向

借助技术起源地（专利最早优先权国家 / 地区）与技术扩散地（专利受理国家 / 地区）之间的关系，可以探讨专利数量排名前四位的国家间的技术流向特点。全球玉米分子育种专利 TOP4 国家技术流向如图 2.6 所示。从图 2.6 中可以看出，经欧洲输出的专利比例最高，有超过 25% 的专利流向了中国、美国和英国市场；美国向欧洲和中国输出的专利相对较多，只有 0.03% 的专利在英国进行布局；英国向美国输出的专利最多；中国只在美国和欧洲进行了少量的专利布局，有 2.51% 的专利流向美国，有 0.66% 的专利流向欧洲，需要引起中国专利权人的重视。

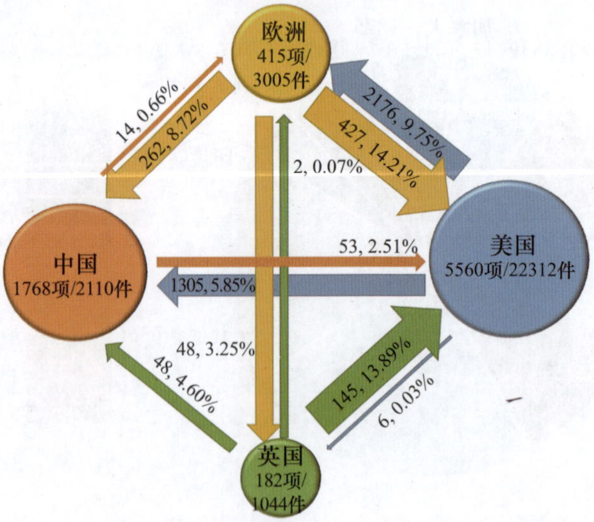
欧洲
415项/
3005件
美国
5560项/22312件
中国
1768项/2110件
英国
182项/
1044件
14, 0.66%
262, 8.72%
2176, 9.75%
427, 14.21%
2, 0.07%
53, 2.51%
1305, 5.85%
48, 3.25%
48, 4.60%
145, 13.89%
6, 0.03%

图 2.6 全球玉米分子育种专利 TOP4 国家技术流向

值得注意的是，图 2.6 中显示了专利家族展开同族前后的专利项数和件数，中国专利共 1768 项 /2110 件，美国专利共 5560 项 / 22312 件，可以看出，平均每项美国专利家族拥有的同族专利数量为中国专利家族的 3 倍左右，说明美国专利在技术分布、地域布局等方面比中国专利考虑得更加全面和细致。

2.2.4　全球同族专利和引用

本节对全球专利家族展开后的每件专利进行引用情况统计。玉米分子育种技术全球专利家族为 8887 项，展开后同族专利共计 34182 件。

全球玉米分子育种技术同族专利与引用统计如表 2.2 所示。从表 2.2 中可以看出，美国在玉米分子育种领域的专利申请量是全球最多的，达 22312 件，大大超过其他国家；专利的平均被引次数为 5.07 次，仅次于欧洲排名第二。欧洲专利申请量为 3005 件，排名第二，但其专利的平均被引次数为 5.86 次，位居全球第一，说明欧洲的专利继承性高，专利间相关关系大。中国的专利申请量排名第三，为 2110 件，但是平均被引次数只有 1.52 次，排名第九。

表 2.2　全球玉米分子育种技术同族专利与引用统计

排名	专利来源国家/地区	申请量（件）	引用专利数量（件）	平均被引次数（次）
1	美国	22312	113062	5.07
2	欧洲	3005	17608	5.86
3	中国	2110	3208	1.52
4	英国	1044	2329	2.23
5	韩国	693	544	0.78
6	德国	693	2781	4.01
7	世界知识产权组织	570	1820	3.19

（续表）

排名	专利来源国家/地区	申请量（件）	引用专利数量（件）	平均被引次数（次）
8	日本	533	2298	4.31
9	澳大利亚	512	1731	3.38
10	法国	441	1095	2.48

日本的专利申请件数排名第八，但是其平均被引次数为 4.31 次，排名第三，仅稍微低于欧洲、美国，值得我们深入关注。

2.3 全球专利技术分析

2.3.1 全球专利技术分布

图 2.7 为全球玉米分子育种专利技术分布，可以看出，转基因技术相关专利数量最多，共 6252 项，是目前研究较为热门和集中的技术；排名第二的是载体构建，相关专利共 2283 项；排名第三的是分子标记辅助选择，相关专利共 760 项，基因组选择相关专利较少，只有 98 项。

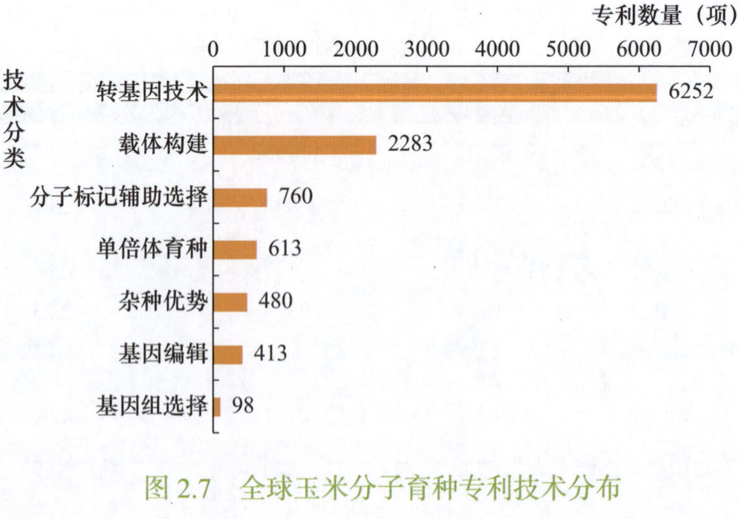

专利数量（项）
0
1000
2000
3000
4000
5000
6000
7000
技术分类
转基因技术
6252
载体构建
2283
分子标记辅助选择
760
单倍体育种
613
杂种优势
480
基因编辑
413
基因组选择
98

图 2.7　全球玉米分子育种专利技术分布

全球玉米分子育种专利主要技术详细分析如表 2.3 所示。可以看出，2015 年—2017 年专利数量占比最高的是基因编辑和基因组选择。转基因技术、载体构建、分子标记辅助选择、单倍体育种和杂种优势相关研究发展较早，均始于 20 世纪 80 年代，基因编辑和基因组选择相关研究均始于 20 世纪 90 年代初，结合 2015 年—2017 年的专利数量占比情况，可推测基因编辑和基因组选择是近些年新兴发展的技术领域，值得重点关注。

表 2.3　全球玉米分子育种专利主要技术详细分析

排名	技术分类	专利数量（项）	年代跨度（年）	2015年—2017年专利数量占比情况	主要专利权人	主要国家/地区
1	转基因技术	6252	1981—2017	11%	杜邦公司 [1341]; 孟山都公司 [664]; 巴斯夫公司 [394]	美国 [4137]; 中国 [948]; 欧洲 [353]
2	载体构建	2283	1986—2017	13%	杜邦公司 [378]; 巴斯夫公司 [174]; 孟山都公司 [121]	美国 [1318]; 中国 [458]; 欧洲 [139]
3	分子标记辅助选择	760	1986—2017	19%	杜邦公司 [259]; 孟山都公司 [62]; 巴斯夫公司 [43]	美国 [498]; 中国 [176]; 欧洲 [35]
4	单倍体育种	613	1980—2017	19%	杜邦公司 [318]; 孟山都公司 [71]; 先正达公司 [49]	美国 [532]; 中国 [54]; 欧洲 [5]
5	杂种优势	480	1985—2017	11%	杜邦公司 [208]; 孟山都公司 [78]; 陶氏化学 [19]	美国 [373]; 中国 [86]; 欧洲 [3]; 德国 [3]
6	基因编辑	413	1993—2017	30%	杜邦公司 [76]; 巴斯夫公司 [33]; 陶氏化学 [32]	美国 [261]; 中国 [81]; 欧洲 [25]
7	基因组选择	98	1991—2017	29%	孟山都公司 [24]; 杜邦公司 [13]; 先正达公司 [11]	美国 [71]; 中国 [13]; 法国 [5]

分析各技术分类的年度专利数量，可以看出全球玉米分子育种领域技术的发展趋势和走向。图 2.8 和图 2.9 列出了 1980 年—2017 年全球玉米分子育种专利各技术分类年度专利数量，由于 1980 年以前专利数量很少，因此图 2.8 和图 2.9 中不体现 1980 年以前的数据，两图中年代跨度为 1980 年—2017 年。从图 2.8 和图 2.9 中可以看出，单倍体育种起源最早，但此后专利申请不连续，发展较慢，直到 2000 年后专利数量才有了稳步的增长，2013 年以后发展较稳定，可推测该技术发展已相对成熟。转基因技术和载体构建领域发展较早，且 2007 年—2016 年专利数量持续在较高水平，可见该领域是目前的研究重点并且应用范围广阔。此外，分子标记辅助选择和杂种优势近几年发展比较稳定，年度专利数量比较接近，专利申请高峰分别出现在 2016 年和 2013 年。基因编辑领域于 1993 年第一次申请专利，2013 年—2017 年的专利数量呈增长趋势，是新兴发展的热点技术。相较之下，基因组选择相关专利数量不是很多，2013 年—2017 年专利数量略有增加。

在分析以上七个技术分类的基础上，基于 DII 专利数据库中专利信息的独特性，各专利所属的德温特手工代码也包含了专利的技术信息，故本部分还将专利数量排名前四位技术分类的德温特手工代码统计分析作为补充，通过对德温特手工代码的分析我们可以深入了解这四个技术分类的具体技术创新点及其应用领域。图 2.10 为全球玉米分子育种专利各技术分类与手工代码分析，表 2.4 列出了全球玉米分子育种专利各技术分类主要德温特手工代码相关技术分类及释义。

2.3.2 全球专利技术主题聚类

图 2.11 展示了全球玉米分子育种专利技术主题聚类，该主题聚类是基于全球玉米分子育种技术分类的专利题名、摘要在 DI 专利数据库中利用 ThemeScape 专利地图功能自动进行技术聚类后生成

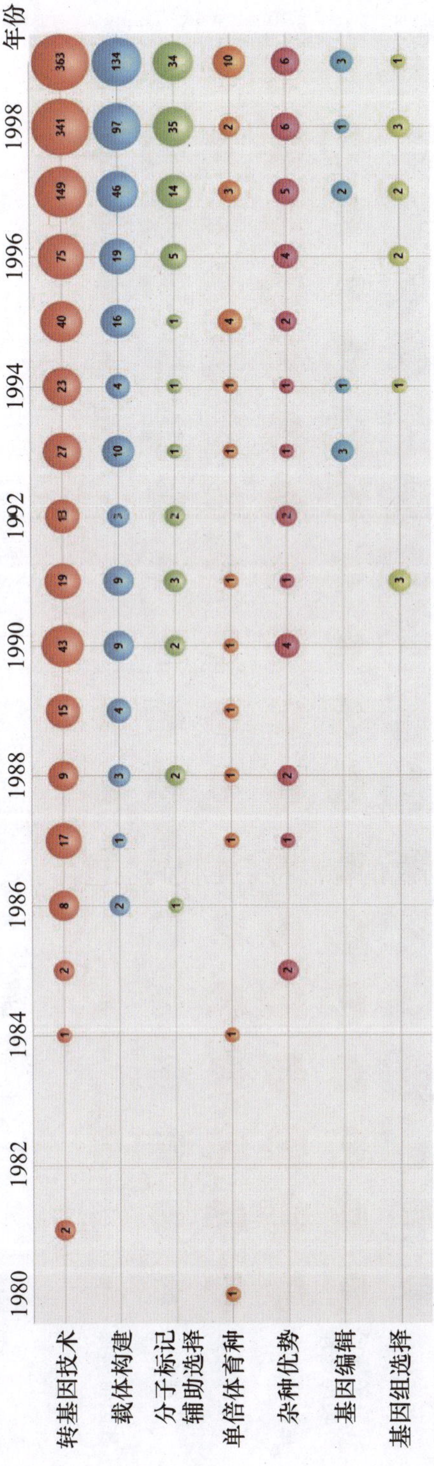
年份
1980
1982
1984
1986
1988
1990
1992
1994
1996
1998
转基因技术
载体构建
分子标记辅助选择
单倍体育种
杂种优势
基因编辑
基因组选择

图 2.8　全球玉米分子育种专利各技术分类年度专利数量（年代跨度：1980 年—1999 年）（单位：项）

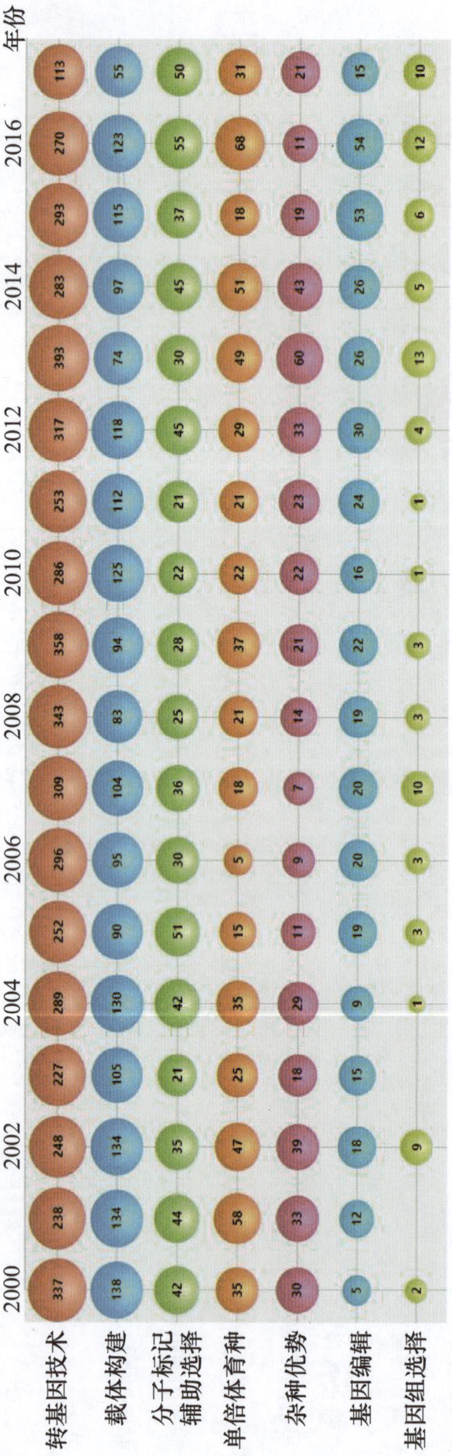
年份
2000
2002
2004
2006
2008
2010
2012
2014
2016
转基因技术
337 238 248 227 289 252 296 309 343 358 286 253 317 393 283 293 270 113
载体构建
138 134 134 105 130 90 95 104 83 94 125 112 118 74 97 115 123 55
分子标记辅助选择
42 44 35 21 42 51 30 36 25 28 22 21 45 30 45 37 55 50
单倍体育种
35 58 47 25 35 15 5 18 21 37 22 21 29 49 51 18 68 31
杂种优势
30 33 39 18 29 11 9 7 14 21 22 23 33 60 43 19 11 21
基因编辑
5 12 18 15 9 19 20 20 19 22 16 24 30 26 26 53 54 15
基因组选择
2 9 1 3 3 10 3 3 1 1 4 13 5 6 12 10

图 2.9 全球玉米分子育种专利各技术分类年度专利数量（年代跨度：2000 年—2017 年）（单位：项）

的。该主题聚类图将相似的主题记录进行分组，根据主题文献密度大小形成体积不等的山峰，山峰高度代表文献记录的密度，山峰之间的距离代表圈中文献记录的关系，距离越近则代表内容越相似。

通过对全球玉米分子育种技术专利的文本挖掘和聚类，发现分离多核苷酸（Isolated Polynucleotide）、野生型植物细胞（Wild Type Plant Cell）、氨基酸残基（Amino Acid Residue）、碱基对序列（Specific Base Pair Sequence）和玉米品种（Maize Variety）等几类专利最为集中。此外，再生（Regeneration）和产量相关（Yield-Related）也是两个技术聚集点。

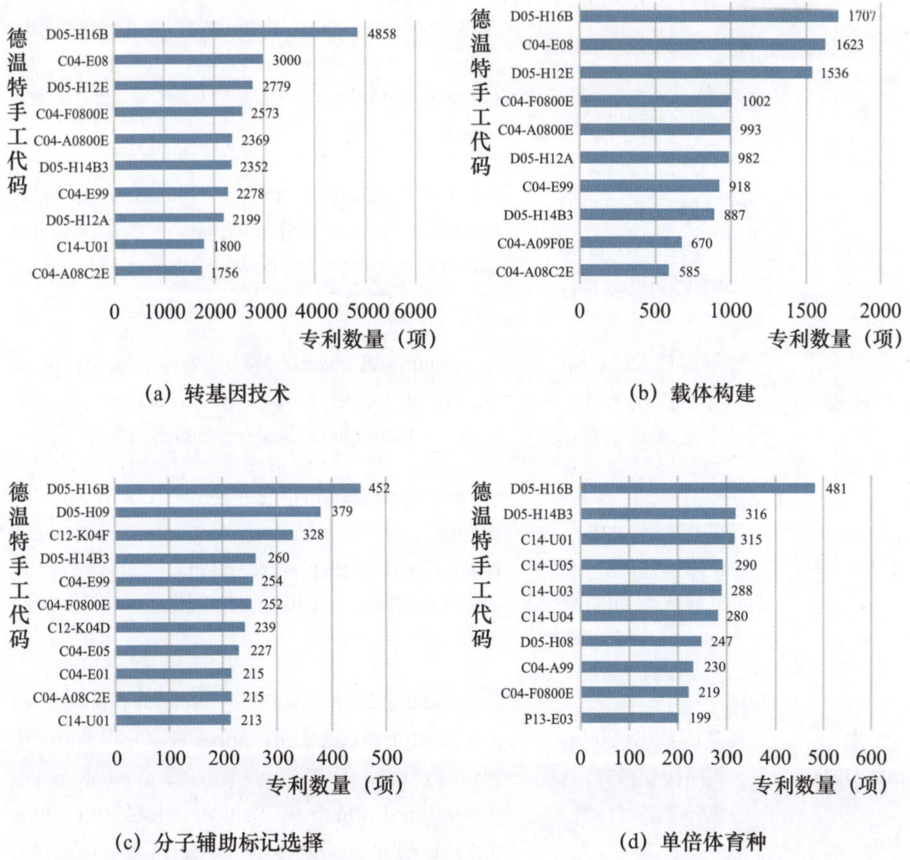
德温特手工代码
D05-H16B 4858
C04-E08 3000
D05-H12E 2779
C04-F0800E 2573
C04-A0800E 2369
D05-H14B3 2352
C04-E99 2278
D05-H12A 2199
C14-U01 1800
C04-A08C2E 1756
0 1000 2000 3000 4000 5000 6000
专利数量（项）
(a) 转基因技术
德温特手工代码
D05-H16B 1707
C04-E08 1623
D05-H12E 1536
C04-F0800E 1002
C04-A0800E 993
D05-H12A 982
C04-E99 918
D05-H14B3 887
C04-A09F0E 670
C04-A08C2E 585
0 500 1000 1500 2000
专利数量（项）
(b) 载体构建
德温特手工代码
D05-H16B 452
D05-H09 379
C12-K04F 328
D05-H14B3 260
C04-E99 254
C04-F0800E 252
C12-K04D 239
C04-E05 227
C04-E01 215
C04-A08C2E 215
C14-U01 213
0 100 200 300 400 500
专利数量（项）
(c) 分子辅助标记选择
德温特手工代码
D05-H16B 481
D05-H14B3 316
C14-U01 315
C14-U05 290
C14-U03 288
C14-U04 280
D05-H08 247
C04-A99 230
C04-F0800E 219
P13-E03 199
0 100 200 300 400 500 600
专利数量（项）
(d) 单倍体育种

图 2.10　全球玉米分子育种专利各技术分类与德温特手工代码分析

表 2.4 全球玉米分子育种专利各技术分类主要德温特手工代码相关技术分类及释义

德温特手工代码	涉及技术分类	德温特手工代码释义
D05-H16B	转基因技术[4858]；载体构建[1707]；单倍体育种[481]	Food, disinfectants, detergents → Fermentation industry → Microbiology, laboratory procedures (general and others) → Transgenic organisms → Transgenic plant
C04-E08	转基因技术[3000]；载体构建[1623]；基因编辑[203]	Agricultural chemicals → Natural products (or genetically engineered), polymers → Nucleic acids → Vectors, plasmids, cosmids, transposons
D05-H12E	转基因技术[2779]；载体构建[1536]；基因编辑[175]	Food, disinfectants, detergents → Fermentation industry → Microbiology, laboratory procedures (general and others) → DNA, CDNA, transfer vectors, RNA → Vectors
C04-F0800E	转基因技术[2573]；载体构建[1002]；分子标记辅助选择[252]	Agricultural chemicals → Natural products (or genetically engineered), polymers → Cells, microorganisms, transformants, hosts → Plant/algae → Plant/algae (genetically engineered)
C04-E99	转基因技术[2278]；载体构建[918]；分子标记辅助选择[254]	Agricultural chemicals → Natural products (or genetically engineered), polymers → Nucleic acids → Patent with Geneseq record
D05-H14B3	转基因技术[2352]；载体构建[887]；单倍体育种[316]	Food, disinfectants, detergents → Fermentation industry → Microbiology, laboratory procedures (general and others) → Recombinant cells → Recombinant cell lines (unspecified) → Recombinant plant cells
C04-A0800E	转基因技术[2369]；载体构建[993]；基因编辑[182]	Agricultural chemicals → Natural products (or genetically engineered), polymers → Alkaloids, Plant extracts → Plant divisions and whole plants general and other → Plant divisions and whole plants general and other (genetically engineered)

（续表）

德温特手工代码	涉及技术分类	德温特手工代码释义
D05-H12A	转基因技术[2199]； 载体构建[982]； 分子标记辅助选择[168]	Food, disinfectants, detergents → Fermentation industry → Microbiology, laboratory procedures (general and others) → DNA, CDNA, transfer vectors, RNA → Wild-type coding sequences
C14-U01	转基因技术[1800]； 载体构建[577]； 单倍体育种[315]	Agricultural chemicals→Agricultural activities→Plant growth regulants/protectants→Plant growth regulants (general)
C04-A08C2E	转基因技术[1756]； 载体构建[585]； 分子标记辅助选择[215]	Agricultural chemicals → Natural products (or genetically engineered), polymers → Alkaloids, plant extracts → Plant divisions and whole plants general and other → Spermatophytes → Angiosperms → Angiosperms (genetically engineered)
C04-A09F0E	转基因技术[1710]； 载体构建[670]； 分子标记辅助选择[157]	Agricultural chemicals → Natural products (or genetically engineered), polymers → Alkaloids, plant extracts → Plant parts general and other → Seeds, seed husks, seed meal, cereal, grain, nuts, bran → Seeds, seed husks, seed meal, cereal, grain, nuts, bran (genetically engineered)
C14-U05	转基因技术[1458]； 载体构建[390]； 单倍体育种[290]	Agricultural chemicals → Agricultural activities → Plant growth regulants/protectants → Conferring stress tolerance (e.g. drought, heat) to plants
C14-U04	转基因技术[1438]； 载体构建[303]； 单倍体育种[280]	Agricultural chemicals → Agricultural activities → Plant growth regulants/protectants → Conferring pest resistance (e.g. fungi, insects) to plants
D05-H09	转基因技术[1246]； 载体构建[406]； 分子标记辅助选择[379]	Food, disinfectants, detergents → Fermentation industry → Microbiology, laboratory procedures (general and others) → Testing and detection (exc. bacteria, fungi, viruses)

（续表）

德温特手工代码	涉及技术分类	德温特手工代码释义
D05-H08	转基因技术[1188]；载体构建[309]；单倍体育种[247]	Food, disinfectants, detergents → Fermentation industry → Microbiology, laboratory procedures (general and others) → Cell or tissue culture general or unspecified
C14-U03	转基因技术[1060]；单倍体育种[288]；杂种优势[178]	Agricultural chemicals → Agricultural activities → Plant growth regulants/protectants → Conferring herbicide resistance to plants
C04-E01	转基因技术[900]；载体构建[296]；分子标记辅助选择[215]	Agricultural chemicals → Natural products (or genetically engineered), polymers → Nucleic acids → Nucleic acid general and other
C12-K04F	转基因技术[791]；分子标记辅助选择[328]；载体构建[236]	Agricultural chemicals → Diagnostics and formulation types (therapeutic, pesticidal, herbicidal) → Diagnostics, respiratory active type → Diagnosis and testing (general) → Tests involving nucleic acid, hybridisation probes etc
C12-K04D	转基因技术[629]；分子标记辅助选择[239]；载体构建[151]	Agricultural chemicals → Diagnostics and formulation types (therapeutic, pesticidal, herbicidal) → Diagnostics, respiratory active type → Diagnosis and testing (general) → Testing for plant disorders or diseases
C04-E05	转基因技术[584]；分子标记辅助选择[227]；载体构建[206]	Agricultural chemicals → Natural products (or genetically engineered), polymers → Nucleic acids → Primers, probes
P13-E03	转基因技术[568]；单倍体育种[199]；载体构建[171]	General → Agriculture, Food,Tobacco → Plant culture, dairy products → Types of crop cultivated → Cereals and grasses
C04-A99	转基因技术[493]；单倍体育种[230]；杂种优势[171]	Agricultural chemicals → Natural products (or genetically engineered), polymers → Alkaloids, plant extracts → Patent with hybrid plant

YIELD-RELATED
Yield-related
Yield-related trait
Plant relative
Enzyme
Production
Transgenic plant
Feed
Animal
Isolated
Primer
Corn
Detect
Seed
Hybrid
Maize
Patent
Female
Female parent
Corn
Seed
Deposit
Acc
Seed
Deposit
REGENERATION
Culture
Medium
Tissue
Expression
Cassette
Expression cassette
Stress
Factor
Isolated
Protein
Transgenic plant
Starch
Marker
Molecular
Polymorphism
MAIZE VARIETY
Maize
Variety
Inbred maize variety
Abiotic stress tolerance
Uniform
Positive
Seed
Variety
Maize
GREAT IDENTITY
Target
Cell
Genome
WILD TYPE PLANT CELL
Cell
Plant cell
Introduce
Plant transformation vector
Transformation
Vector
Herbicide
Weed
Tolerant
Resistance
Disease
Disease resistance
GOOD AGRONOMIC QUALITY
Specification
Fragment
Isolated
Polypeptide
Activity
Isolated
ISOLATED POLYNUCLEOTIDE
Isolated
Polynucleotide
Polypeptide
Stress
Tolerance
Seq id
Dna
Dna molecule
Dna sequence
SPECIFIC BASE PAIR SEQUENCE
Base
Pair
Seq id
Pesticidal activity
Recombinant nucleic acid molecule
Coleopteran
Recombinant dna
Enhanced
Recombinant
Seq id
Protein
Seq id no
AMINO ACID RESIDUE
Protein
Insecticidal
Insect
Promoter
Gene
Expression

图 2.11　全球玉米分子育种专利技术主题聚类

2.4 主要专利权人分析

主要专利权人分析主要是分析全球玉米分子育种领域专利权人的专利产出数量，从而遴选出主要的专利权人，作为后续多维组合分析、评价的基础，通过对清洗后的专利家族的专利权人的分析，可以了解该领域的主要研发机构。

全球玉米分子育种技术主要专利权人分布如图 2.12 所示，包括杜邦公司（美国，1899 项）、孟山都公司（美国，931 项）、巴斯夫公司（德国，437 项）、先正达公司（瑞士，370 项）、陶氏化学（美国，353 项）、拜耳作物科学（总部在德国，专利大多数由美国分公司申请，215 项）、北京大北农科技集团股份有限公司（中国，105 项）、中国农业大学（中国，85 项）、瑞士诺华公司（瑞士，85 项）、Ceres 公司（美国，73 项），来自美国的机构有 4 家，中国有 2 家，德国有 2 家，瑞士有 2 家。其中，孟山都公司、巴斯夫公司、先正达公司、拜耳作物科学及陶氏化学都是全球知名的农业公司。孟山都公司于 2018 年 6 月被拜耳作物科学收购，由于收购时间晚于检索时间，且孟山都公司历史悠久并在农化领域有着较大的影响力，此次仍作为独立机构进行分析。陶氏化学在农业领域的相关专利大多来源于其全资子公司陶氏益农，2017 年 8 月，陶氏化学与杜邦公司成功完成对等合并，合并后名称为“陶氏杜邦”，鉴于两家机构合并时间不长且合并前均为农化领域的领军机构，此次也作为两家独立机构进行分析。北京大北农科技集团股份有限公司是中国农业领域的领军企业，中国农业大学是中国农业领域实力强劲的科研机构。

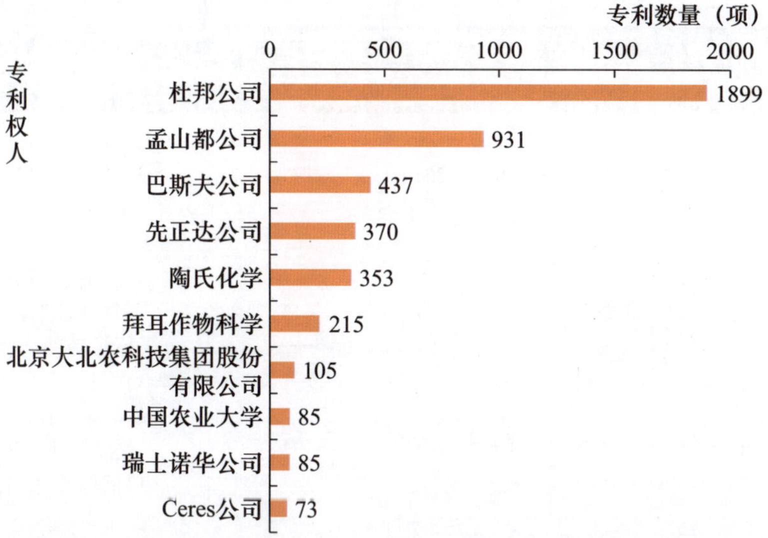
专利数量（项）
0
500
1000
1500
2000
专利权人
杜邦公司
1899
孟山都公司
931
巴斯夫公司
437
先正达公司
370
陶氏化学
353
拜耳作物科学
215
北京大北农科技集团股份有限公司
105
中国农业大学
85
瑞士诺华公司
85
Ceres公司
73

图 2.12　全球玉米分子育种技术主要专利权人分布

表 2.5 列出了全球玉米分子育种主要专利权人专利申请活跃度和主要技术分布。孟山都公司在玉米分子育种领域研究起步较早，相关专利始于 1981 年，至 2017 年一直有专利产出，且 2015 年—2017 年的专利数量占全部专利的 9%，主要技术涉及转基因技术、载体构建和杂种优势。杜邦公司专利数量最多，专利申请始于 1986 年，转基因技术是其优势技术，共有专利 1341 项。瑞士诺华公司专利申请的年代跨度为 1987 年—2011 年，2015 年—2017 年没有相关专利产出，推测与其产业结构调整有关。

表 2.5　全球玉米分子育种主要专利权人专利申请活跃度和主要技术分布

排名	专利数量（项）	专利权人	年代跨度（年）	2015年—2017年专利数量占比	主要技术分布
1	1899	杜邦公司	1986—2017	6%	转基因技术 [1341]; 载体构建 [378]; 单倍体育种 [318]

（续表）

排名	专利数量（项）	专利权人	年代跨度（年）	2015年—2017年专利数量占比	主要技术分布
2	931	孟山都公司	1981—2017	9%	转基因技术 [664]; 载体构建 [121]; 杂种优势 [78]
3	437	巴斯夫公司	1994—2016	1%	转基因技术 [394]; 载体构建 [174]; 分子标记辅助选择 [43]
4	370	先正达公司	1987—2017	7%	转基因技术 [288]; 载体构建 [99]; 单倍体育种 [49]
5	353	陶氏化学	1986—2016	15%	转基因技术 [270]; 载体构建 [61]; 分子标记辅助选择 [36]
6	215	拜耳作物科学	1988—2016	2%	转基因技术 [184]; 载体构建 [48]; 基因编辑 [4]
7	105	北京大北农科技集团股份有限公司	2007—2017	35%	转基因技术 [72]; 载体构建 [15]; 杂种优势 [10]
8	85	中国农业大学	1992—2017	46%	转基因技术 [46]; 载体构建 [19]; 单倍体育种 [13]
9	85	瑞士诺华公司	1987—2011	0%	转基因技术 [59]; 载体构建 [14]; 杂种优势 [2]
10	73	Ceres公司	1999—2016	3%	转基因技术 [67]; 载体构建 [28]; 基因编辑 [3]

北京大北农科技集团股份有限公司是最早优先权国家 / 地区为中国的机构中专利数量最多的，也是 TOP10 专利权人中相关专利

出现最晚的机构，其专利申请始于 2007 年并持续至今，2015 年—2017 年该机构活跃度排名第二，为 35%，相关专利在转基因技术、载体构建和杂种优势领域均有涉及。中国农业大学在 1992 年—2017 年均有相关专利申请，2015 年—2017 年专利数量占比为 46%，排名第一，可见中国专利权人虽然研究起步较晚，但近几年在该领域投入了较大的研发力量，相关技术发展很迅速，专利申请十分活跃。

2.4.1　主要专利权人的专利年代趋势

图 2.13 和图 2.14 列出了 1980 年—2017 年全球玉米分子育种主要专利权人年度专利数量，从中可以看出各机构专利数量的年代趋势。

杜邦公司自 1986 年开始申请玉米育种相关专利，当年产出的 3 项专利分别是 US5141870“A Conferring herbicide resistance on plants using a nucleic acid fragment encoding a herbicide-resistant plant aceto: lactate synthase protein”、EP257993A2“New nucleic acid fragment coding for mutant aceto-lactate synthetase resistant to sulphonyl-urea herbicides, and transformed resistant crop plant”和 EP730030A1“Prodn. of herbicide-resistant plants using a nucleic acid fragment encoding an aceto: lactate synthase resistant to herbicides such as sulphonyl: urea”。自 1998 年起其专利数量增长迅速，达到高峰时为 170 项。此后其专利数量虽有短暂波动，但总体呈上升趋势。

孟山都公司是申请相关专利最早的机构，其相关专利第一次出现在 1981 年，公开号为 US4368592A“Method of obtaining semi-dwarf maize involves producing seed stocks of homozygous semi-dwarf genotype, and stocks of heterozygous semi-dwarf allele”，为玉米转基因技术相关专利。随后在 1982 年—1995 年，其专利产出间断且专利数量较少，1997 年后专利数量增加，1997 年达到了专利数量

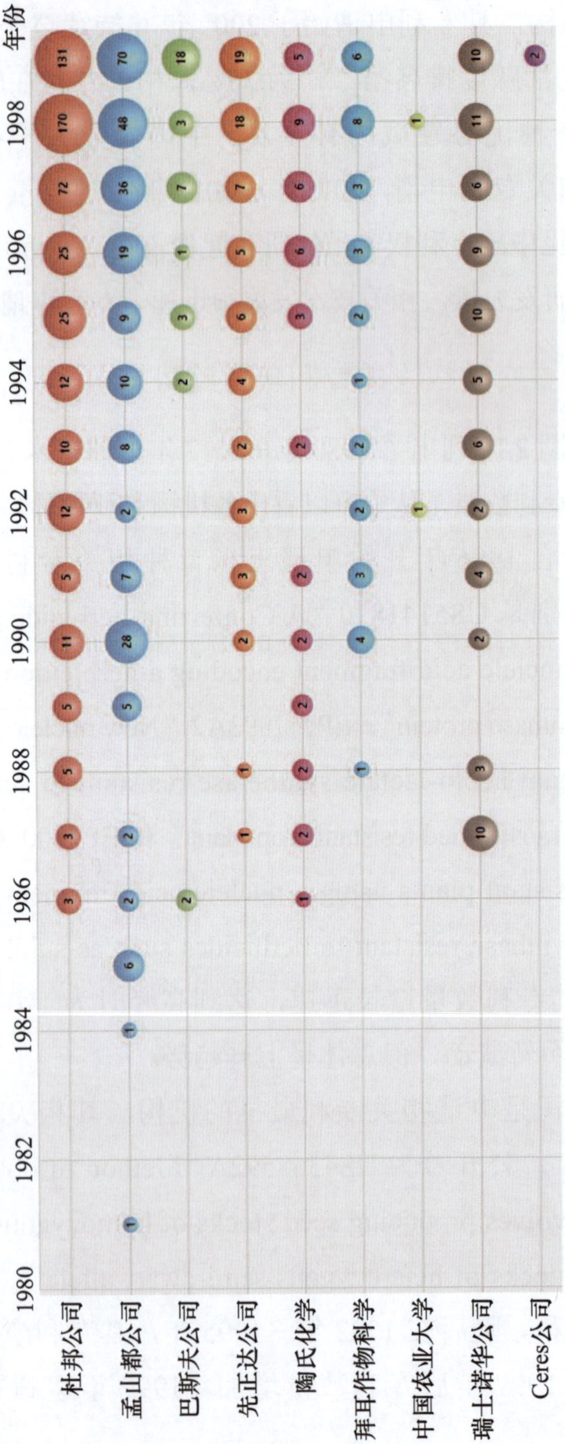
年份
1980
1982
1984
1986
1988
1990
1992
1994
1996
1998
杜邦公司
孟山都公司
巴斯夫公司
先正达公司
陶氏化学
拜耳作物科学
中国农业大学
瑞士诺华公司
Ceres公司

图 2.13 全球玉米分子育种主要专利权人年度专利数量（年代跨度：1980 年—1999 年）（单位：项）

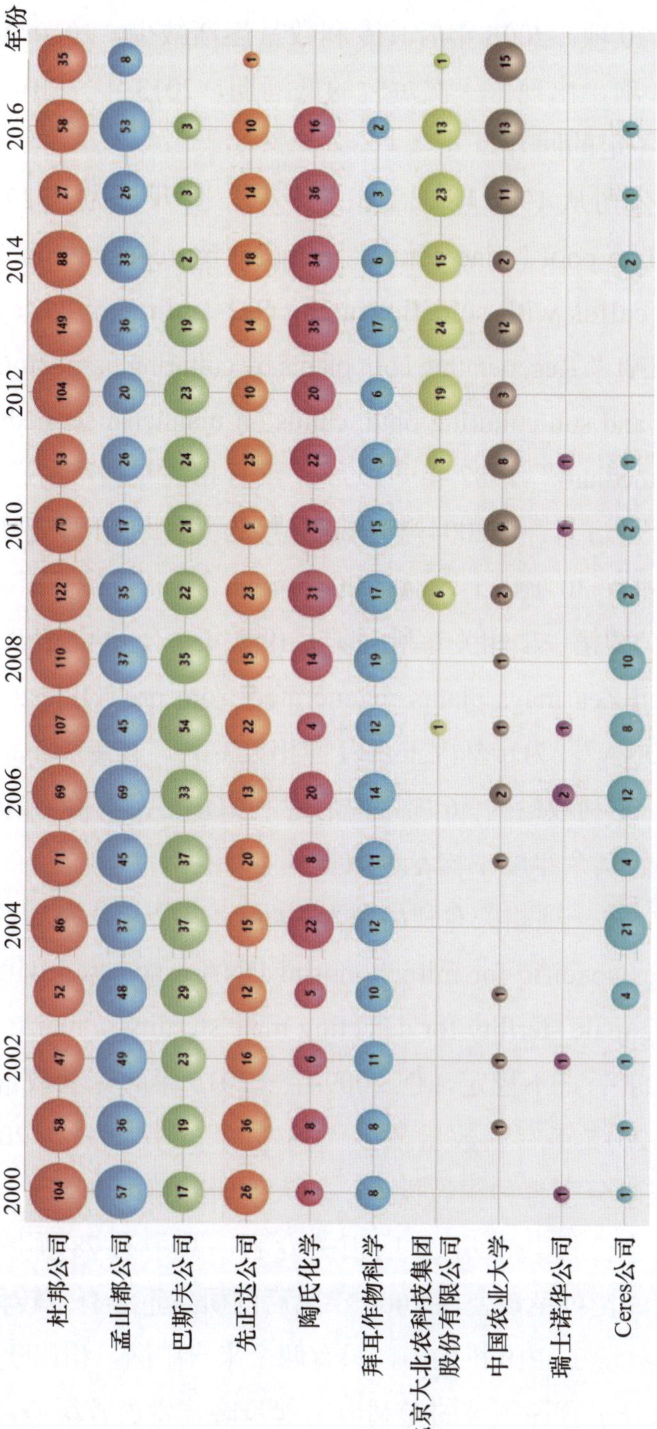
年份
2000
2002
2004
2006
2008
2010
2012
2014
2016
杜邦公司
104 58 47 52 86 71 69 107 110 122 79 53 104 149 88 27 58 35
孟山都公司
57 36 49 48 37 45 69 45 37 35 17 26 20 36 33 26 53 8
巴斯夫公司
17 19 23 29 37 37 33 54 35 22 21 24 23 19 2 3 3
先正达公司
26 36 16 12 15 20 13 22 15 23 5 25 10 14 18 14 10 1
陶氏化学
3 8 6 5 22 8 20 4 14 31 27 22 20 35 34 36 16
拜耳作物科学
8 8 11 10 12 11 14 12 19 17 15 9 6 17 6 3 2
北京大北农科技集团股份有限公司
1 6 3 19 24 15 23 13 1
中国农业大学
1 1 1 1 2 1 1 2 9 8 3 12 2 11 13 15
瑞士诺华公司
1 1 2 1 1 1
Ceres公司
1 1 1 4 21 4 12 8 10 2 2 1 2 1 1

图 2.14 全球玉米分子育种主要专利权人年度专利数量（年代跨度：2000 年—2017 年）（单位：项）

的高峰，为 70 项。2006 年后其专利数量逐渐减少，2010 年的专利数量仅为 17 项，出现了一次短暂的低潮期，2013 年—2016 年专利数量又有了一定的回升。

巴斯夫公司从 1986 年产出相关专利，公开号为 EP271408A2 “Increasing free pool lysine content in maize by regeneration of maize plants from callus with selection using S-2-aminoethyl-L-cysteine” 和 EP256165A1 “ Regenerating corn plants by culturing tissue from mature corn embryo and sub-culturing obtd. callus on maintenance medium then regeneration medium”。1987 年—1993 年没有相关专利产出。1999 年，其专利数量开始上升，2004 年—2008 年为其专利申请高峰年，年度专利数量都在 30 项以上，但自 2009 年开始专利数量逐渐减少。

先正达公司第一项相关专利出现于 1987 年，公开号为 EP292435A1 “Transformed Zea mays plants regenerated from proTOPlast(s) contg. exogenous DNA”，为转基因玉米育种相关专利，其专利申请高峰年是 2001 年，专利数量为 36 项，此后专利数量逐渐下降，2010 年最低，为 9 项。其余年度平均专利数量基本维持在 15 项左右。

陶氏化学第一项相关专利出现于 1986 年，公开号为 US5660983A “DNA probes specific for mitochondrial DNA associated with type-T cyTOPlasmic male sterility for detecting male sterility in maize plants”，此后专利数量一直不稳定，但 2009 年—2015 年的专利数量呈明显上升趋势，2015 年专利数量最多（36 项），可见该公司 2009 年—2015 年在玉米分子育种领域投入了较大的研究精力。

瑞士诺华公司共申请 85 项相关专利，其中有 78 项是在 2000 年以前申请的，可见该公司 2000 年以后的研发重心有了转移。

在专利数量 TOP10 机构中，只有两个来自中国。相比欧美机构，中国在玉米分子育种领域的专利申请起步晚，发展较缓慢，专利数量不多。中国农业大学于 1992 年产出了第一项相关专利，公开号为 CN1065178A “Crossbreeding of sweet maize ie. sweet asparagus and corn has good shape, strong resistance to disease, good taste and high yield”，近十年其专利数量有了一定增长。北京大北农科技集团股份有限公司 2007 年才开始申请相关专利，公开号为 CN101081003A “Hybrid maize seed production comprises using inbred line CH584 as female parent, and inbred line CH361 as male parent”，该机构 2013 年—2017 年专利数量增长较快。

2.4.2　主要专利权人的专利布局

图 2.15 为全球玉米分子育种主要专利权人的专利布局。图中横坐标轴为各专利权人在各国家 / 地区的专利申请量（件），纵坐标轴为专利公开国家 / 地区（专利受理国家 / 地区）。

从图 2.15 中可以发现，杜邦公司、巴斯夫公司、孟山都公司、陶氏化学、先正达公司和拜耳作物科学的专利布局非常广泛，除在美国申请大量专利之外，也在中国、世界知识产权组织、欧洲、澳大利亚、加拿大、巴西、墨西哥、印度、日本等国家 / 地区申请相关专利，以期获得知识产权保护，反映出这几家大型公司有着完善的市场布局战略。瑞士诺华公司的专利布局也相对较全面，美国 Ceres 公司的专利布局主要集中在美国和世界知识产权组织。

反观中国的两大领先机构——中国农业大学和北京大北农科技集团股份有限公司，中国农业大学 90% 以上的专利都是在中国申请的，在其他国家的专利申请量很少，专利布局不够完善。而北京大北农科技集团股份有限公司除在中国申请大量专利之外，还有一些专利在世界知识产权组织、美国、阿根廷、巴西、印度、越南等国家 / 地区也进行了布局，以寻求在其他国家的玉米分子育种相关知识产权保护，布局范围相对广泛。

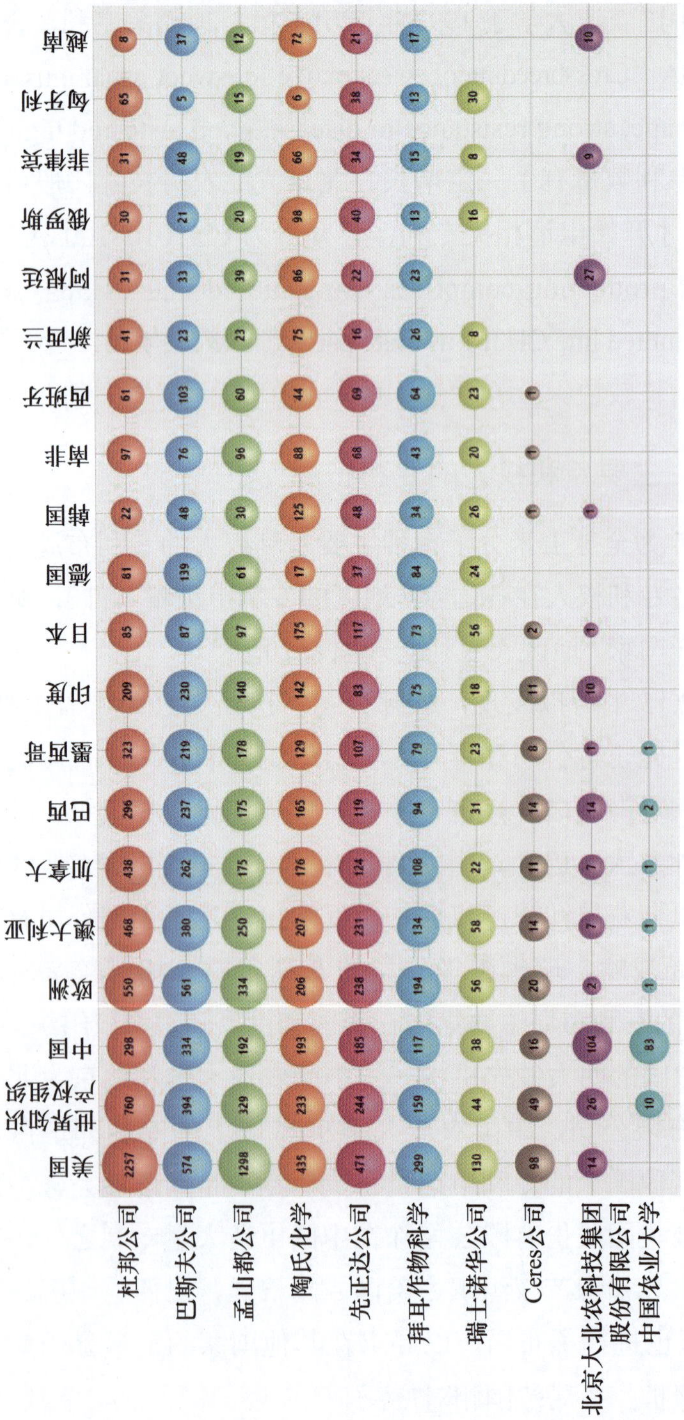
美国
世界知识产权组织
中国
欧洲
澳大利亚
加拿大
巴西
墨西哥
印度
日本
德国
韩国
南非
西班牙
新西兰
阿根廷
俄罗斯
菲律宾
匈牙利
越南
杜邦公司
巴斯夫公司
孟山都公司
陶氏化学
先正达公司
拜耳作物科学
瑞士诺华公司
Ceres公司
北京大北农科技集团股份有限公司
中国农业大学

图 2.15　全球玉米分子育种主要专利权人的专利布局（单位：件）

2.4.3　主要专利权人的专利技术分析

主要专利权人技术对比分析对主要专利权人投资的技术领域进行对比分析，深入了解专利权人的专利布局情况，透析各专利权人的技术核心。图 2.16 为全球玉米分子育种技术 TOP5 专利权人技术分布，这 5 个专利权人所涉及的技术包括 7 个方向，从图中可以详细看出各专利权人的技术分布、不同的技术侧重点及特长。

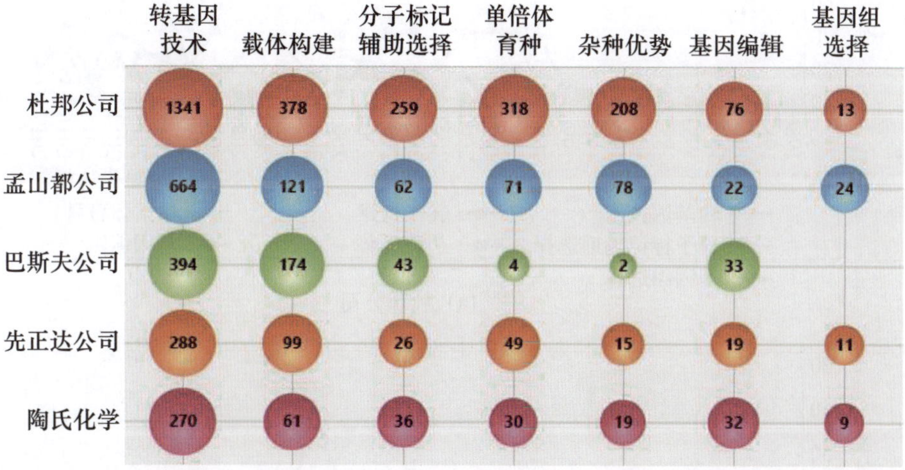
转基因技术
载体构建
分子标记辅助选择
单倍体育种
杂种优势
基因编辑
基因组选择
杜邦公司
1341
378
259
318
208
76
13
孟山都公司
664
121
62
71
78
22
24
巴斯夫公司
394
174
43
4
2
33
先正达公司
288
99
26
49
15
19
11
陶氏化学
270
61
36
30
19
32
9

图 2.16　全球玉米分子育种技术 TOP5 专利权人技术分布（单位：项）

为了进一步分析各专利权人的技术发展策略，图 2.17 列出了全球玉米分子育种技术主要专利权人技术分析。

杜邦公司的技术重点是转基因技术，起步于 1986 年，1998 年后发展迅速，相关专利数量迅速上升，专利数量的高峰出现 1998 年，为 151 项，目前转基因技术已成为该公司的研究重点和优势技术。此外，杜邦公司于 2005 年—2014 年在单倍体育种技术领域投入了大量研发精力，该技术在该时间段的专利数量较多。

孟山都公司转基因技术相关专利出现于 1985 年，到 2006 年达到该技术专利的申请高峰，这一年其转基因技术专利数量高达 61

项，此后十年的专利数量略有下降。孟山都公司的另一个重点技术载体构建相关专利出现于 1990 年，1999 年—2005 年是该技术专利数量的高峰时段，此后相关专利数量逐渐减少。

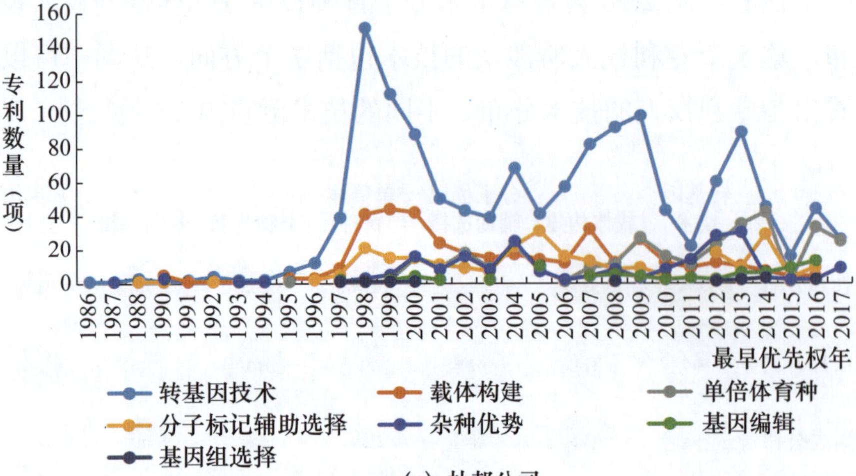
专利数量（项）
160
140
120
100
80
60
40
20
0
1986
1987
1988
1990
1991
1992
1993
1994
1995
1996
1997
1998
1999
2000
2001
2002
2003
2004
2005
2006
2007
2008
2009
2010
2011
2012
2013
2014
2015
2016
2017
最早优先权年
转基因技术
载体构建
单倍体育种
分子标记辅助选择
杂种优势
基因编辑
基因组选择

(a) 杜邦公司

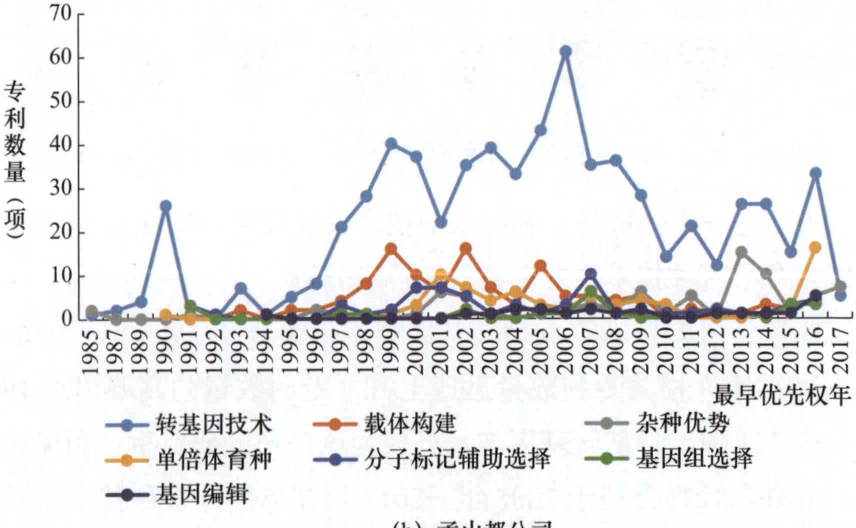
专利数量（项）
70
60
50
40
30
20
10
0
1985
1987
1989
1990
1991
1992
1993
1994
1995
1996
1997
1998
1999
2000
2001
2002
2003
2004
2005
2006
2007
2008
2009
2010
2011
2012
2013
2014
2015
2016
2017
最早优先权年
转基因技术
载体构建
杂种优势
单倍体育种
分子标记辅助选择
基因组选择
基因编辑

(b) 孟山都公司

图 2.17　全球玉米分子育种技术主要专利权人技术分析
（年代跨度：起始年—2017 年）

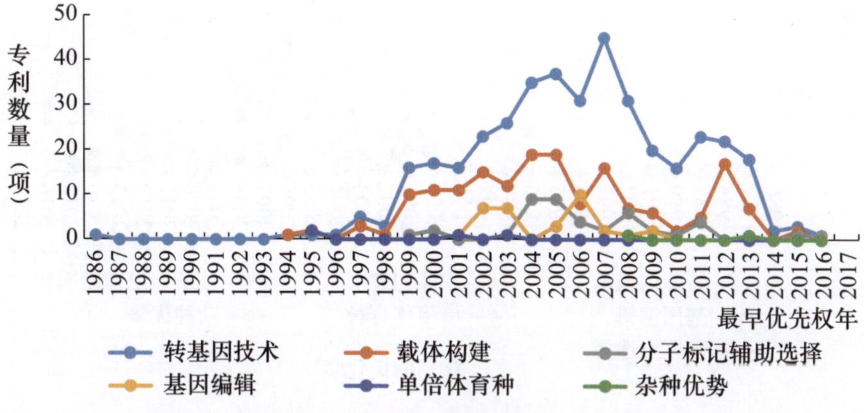

专利数量（项）
最早优先权年
转基因技术
载体构建
分子标记辅助选择
基因编辑
单倍体育种
杂种优势

(c) 巴斯夫公司

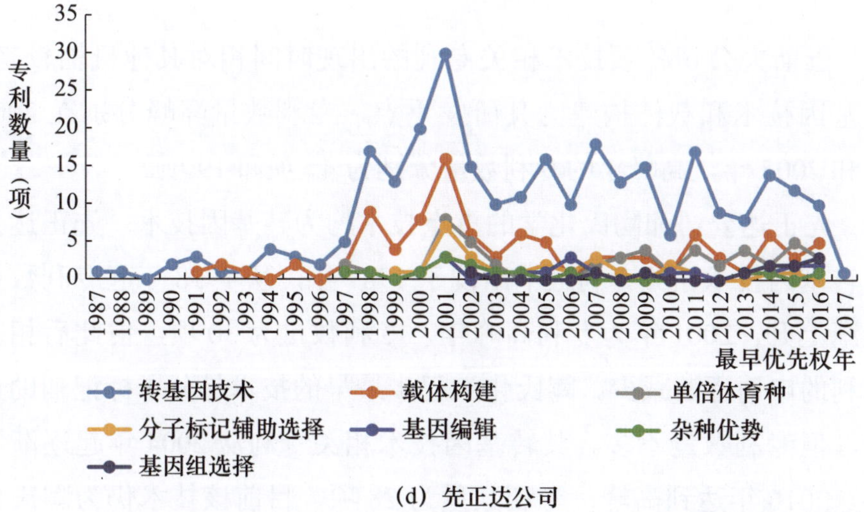

专利数量（项）
最早优先权年
转基因技术
载体构建
单倍体育种
分子标记辅助选择
基因编辑
杂种优势
基因组选择

(d) 先正达公司

图 2.17　全球玉米分子育种技术主要专利权人技术分析

（年代跨度：起始年—2017 年）（续）

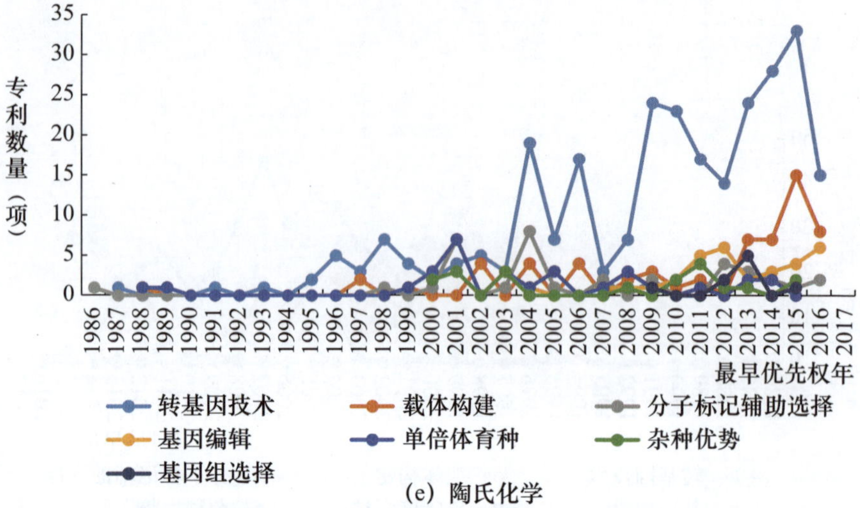

专利数量（项）
35
30
25
20
15
10
5
0
1986
1987
1988
1989
1990
1991
1992
1993
1994
1995
1996
1997
1998
1999
2000
2001
2002
2003
2004
2005
2006
2007
2008
2009
2010
2011
2012
2013
2014
2015
2016
2017
最早优先权年
转基因技术
载体构建
分子标记辅助选择
基因编辑
单倍体育种
杂种优势
基因组选择

(e) 陶氏化学

图 2.17　全球玉米分子育种技术主要专利权人技术分析
（年代跨度：起始年—2017 年）（续）

巴斯夫公司各项技术相关专利的出现时间相对其他机构较晚，转基因技术和载体构建为其研发重点，专利数量高峰分别在 2007 年和 2005 年，高峰年的专利数量分别为 45 项和 19 项。

先正达公司和陶氏化学的重点技术均为转基因技术。先正达公司转基因技术相关专利最早出现于 1987 年，从 1998 年起专利数量逐渐上升，2001 年为专利高峰年，专利数量为 30 项，但此后相关专利的申请逐渐减少。陶氏化学起步最早的技术是分子标记辅助选择，但专利数量不多。其转基因技术相关专利从 2004 年起逐渐增多，2016 年达到高峰，专利数量为 28 项，目前该技术仍为陶氏化学最关注的技术领域。

2.4.4　杜邦公司玉米分子育种专利核心技术发展路线

经统计，杜邦公司在玉米分子育种领域共有 1899 项专利家族，

6327 件同族专利。本书 4.3 节定义在 IncoPat 数据库中合享价值度为 10 分且被引频次大于 10 次的专利为高价值专利。因此，基于杜邦高价值专利，结合专利所属技术、应用领域、专利被引频次和同族专利数量等多个因素，筛选出杜邦公司在玉米分子育种领域的重要专利若干，通过专利的前后引证关系绘制出专利技术路线图。图 2.18 为杜邦公司玉米分子育种专利核心技术发展路线图，揭示了杜邦公司在玉米分子育种领域的核心技术发展方向，图中所列只是部分重要专利，不能代表杜邦公司的全部专利。表 2.6 为杜邦公司玉米分子育种领域重要专利信息。

图 2.18 中横轴代表时间轴，横轴方向专利按照时间排列，整体分为四个时间段。图中黄色小格代表杜邦公司（包含 1999 年被杜邦公司全资收购的先锋良种，2017 年合并的陶氏化学，以及 1998 年被陶氏化学收购的 Mycogen 公司）发表的专利，青色小格代表筛选出来的杜邦公司高价值专利。箭头指向的方向，代表该专利被后续专利所引用。专利技术发展路线图中均选取一件专利家族成员代替整个专利家族，箭头所指的引用表示对专利家族的引用情况，并非针对专利家族中的一件专利。

从整体上看，杜邦公司在玉米分子育种领域的专利布局较为完整，且图中近一半的专利为高价值专利，可见杜邦公司专利质量较好，对该领域后期的相关研究有较大的影响力，大部分专利所属的技术为转基因技术，部分专利中涉及了分子标记辅助选择育种、载体构建及基因编辑技术；这些专利主要涉及的应用领域有高油、雄性不育等优质高产性状；增加了玉米植株抗虫、抗除草剂、抗病、抗胁迫的能力；产出的新植株从具有单一性状逐渐发展为具有复合性状。

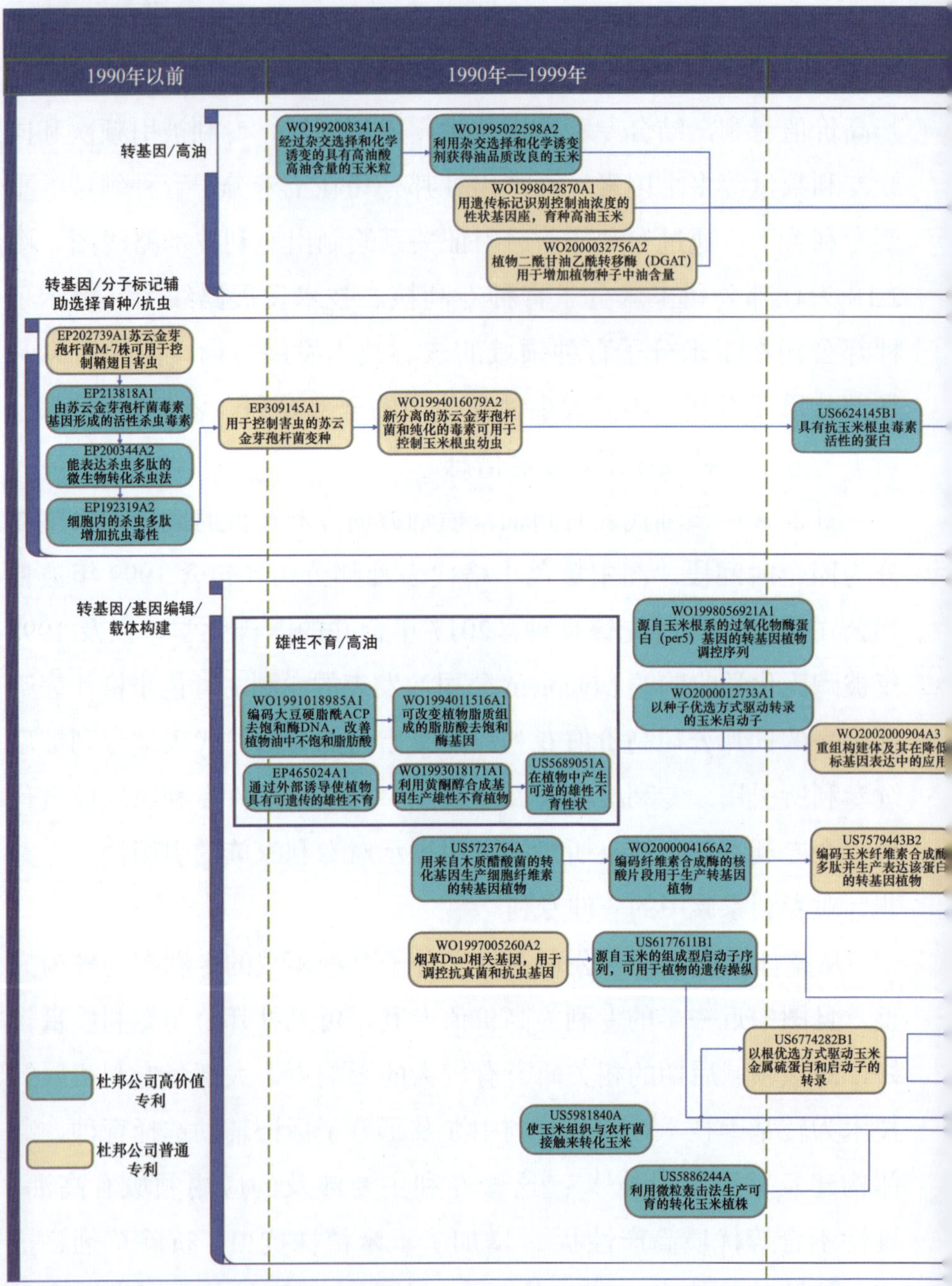
1990年以前
1990年—1999年
转基因/高油
WO1992008341A1 经过杂交选择和化学诱变的具有高油酸高油含量的玉米粒
WO1995022598A2 利用杂交选择和化学诱变剂获得油品质改良的玉米
WO1998042870A1 用遗传标记识别控制油浓度的性状基因座，育种高油玉米
WO2000032756A2 植物二酰甘油乙酰转移酶（DGAT）用于增加植物种子中油含量
转基因/分子标记辅助选择育种/抗虫
EP202739A1苏云金芽孢杆菌M-7株可用于控制鞘翅目害虫
EP213818A1 由苏云金芽孢杆菌毒素基因形成的活性杀虫毒素
EP200344A2 能表达杀虫多肽的微生物转化杀虫法
EP192319A2 细胞内的杀虫多肽增加抗虫毒性
EP309145A1 用于控制害虫的苏云金芽孢杆菌变种
WO1994016079A2 新分离的苏云金芽孢杆菌和纯化的毒素可用于控制玉米根虫幼虫
US6624145B1 具有抗玉米根虫毒素活性的蛋白
转基因/基因编辑/载体构建
雄性不育/高油
WO1991018985A1 编码大豆硬脂酰ACP去饱和酶DNA，改善植物油中不饱和脂肪酸
WO1994011516A1 可改变植物脂质组成的脂肪酸去饱和酶基因
EP465024A1 通过外部诱导使植物具有可遗传的雄性不育
WO1993018171A1 利用黄酮醇合成基因生产雄性不育植物
US5689051A 在植物中产生可逆的雄性不育性状
WO1998056921A1 源自玉米根系的过氧化物酶蛋白（per5）基因的转基因植物调控序列
WO2000012733A1 以种子优选方式驱动转录的玉米启动子
WO2002000904A3 重组构建体及其在降低标基因表达中的应用
US5723764A 用来自木质醋酸菌的转化基因生产细胞纤维素的转基因植物
WO2000004166A2 编码纤维素合成酶的核酸片段用于生产转基因植物
US7579443B2 编码玉米纤维素合成酶多肽并生产表达该蛋白的转基因植物
WO1997005260A2 烟草DnaJ相关基因，用于调控抗真菌和抗虫基因
US6177611B1 源自玉米的组成型启动子序列，可用于植物的遗传操纵
US6774282B1 以根优选方式驱动玉米金属硫蛋白和启动子的转录
US5981840A 使玉米组织与农杆菌接触来转化玉米
US5886244A 利用微粒轰击法生产可育的转化玉米植株
杜邦公司高价值专利
杜邦公司普通专利

图 2.18 杜邦公司玉米分子育

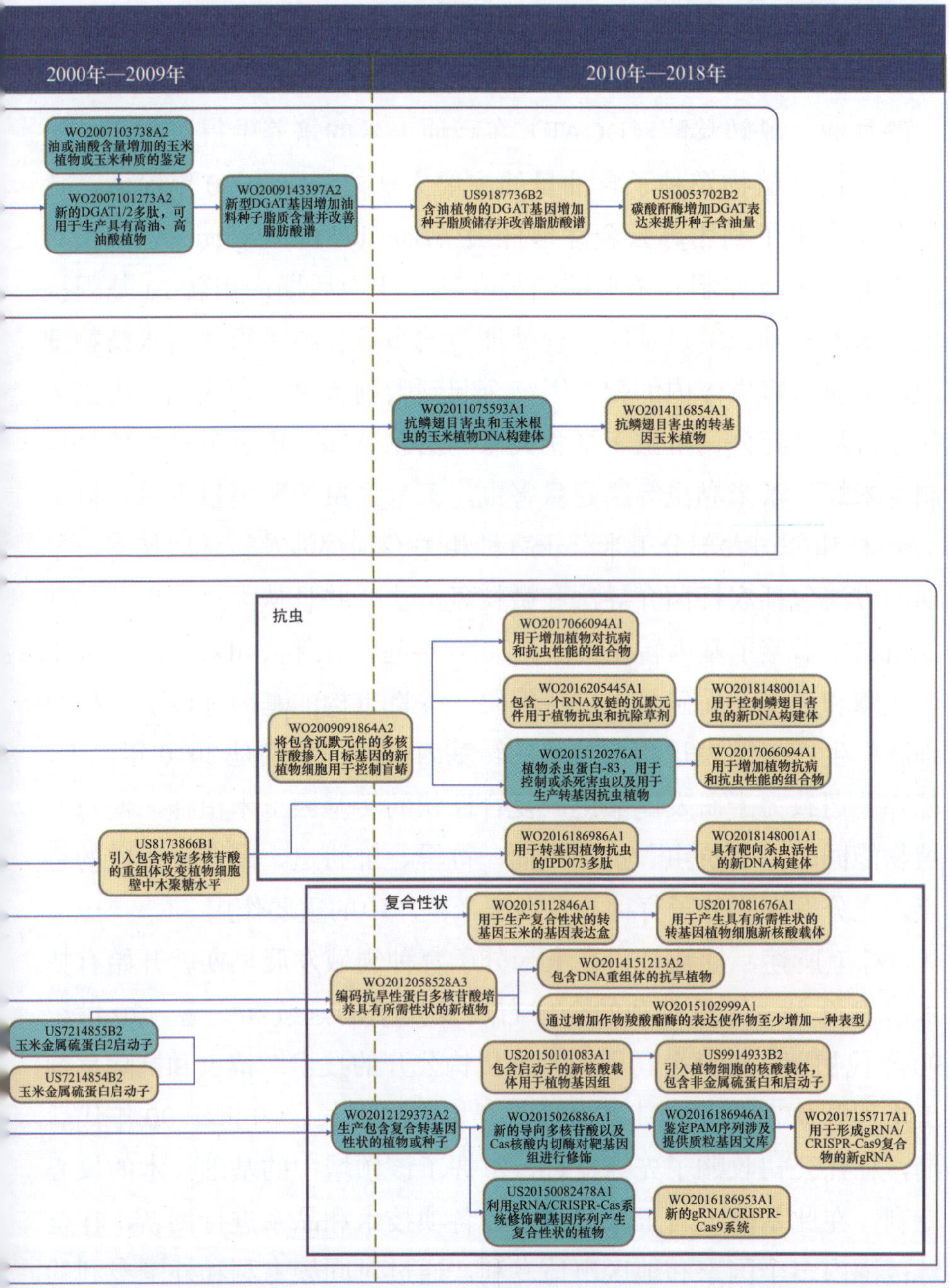

2000年—2009年
2010年—2018年
WO2007103738A2 油或油酸含量增加的玉米植物或玉米种质的鉴定
WO2007101273A2 新的DGAT1/2多肽，可用于生产具有高油、高油酸植物
WO2009143397A2 新型DGAT基因增加油料种子脂质含量并改善脂肪酸谱
US9187736B2 含油植物的DGAT基因增加种子脂质储存并改善脂肪酸谱
US10053702B2 碳酸酐酶增加DGAT表达来提升种子含油量
WO2011075593A1 抗鳞翅目害虫和玉米根虫的玉米植物DNA构建体
WO2014116854A1 抗鳞翅目害虫的转基因玉米植物
抗虫
WO2017066094A1 用于增加植物对抗病和抗虫性能的组合物
WO2016205445A1 包含一个RNA双链的沉默元件用于植物抗虫和抗除草剂
WO2018148001A1 用于控制鳞翅目害虫的新DNA构建体
WO2009091864A2 将包含沉默元件的多核苷酸掺入目标基因的新植物细胞用于控制盲蝽
WO2015120276A1 植物杀虫蛋白-83，用于控制或杀死害虫以及用于生产转基因抗虫植物
WO2017066094A1 用于增加植物抗病和抗虫性能的组合物
US8173866B1 引入包含特定多核苷酸的重组体改变植物细胞壁中木聚糖水平
WO2016186986A1 用于转基因植物抗虫的IPD073多肽
WO2018148001A1 具有靶向杀虫活性的新DNA构建体
复合性状
WO2015112846A1 用于生产复合性状的转基因玉米的基因表达盒
US2017081676A1 用于产生具有所需性状的转基因植物细胞新核酸载体
WO2012058528A3 编码抗旱性蛋白多核苷酸培养具有所需性状的新植物
WO2014151213A2 包含DNA重组体的抗旱植物
WO2015102999A1 通过增加作物羧酸酯酶的表达使作物至少增加一种表型
US7214855B2 玉米金属硫蛋白2启动子
US7214854B2 玉米金属硫蛋白启动子
US20150101083A1 包含启动子的新核酸载体用于植物基因组
US9914933B2 引入植物细胞的核酸载体，包含非金属硫蛋白和启动子
WO2012129373A2 生产包含复合转基因性状的植物或种子
WO2015026886A1 新的导向多核苷酸以及Cas核酸内切酶对靶基因组进行修饰
WO2016186946A1 鉴定PAM序列涉及提供质粒基因文库
WO2017155717A1 用于形成gRNA/CRISPR-Cas9复合物的新gRNA
US20150082478A1 利用gRNA/CRISPR-Cas系统修饰靶基因序列产生复合性状的植物
WO2016186953A1 新的gRNA/CRISPR-Cas9系统

]核心技术发展路线图

20世纪90年代初，杜邦公司利用杂交和化学诱变剂的方法获得高油和高油酸含量的玉米，1999年左右，遗传标记方法和植物二酰甘油乙酰转移酶（DGAT）在高油玉米的培养中得以应用，至今仍为提升植物及种子含油量的主要方法之一；1990年前后，杜邦公司产出了利用苏云金芽孢杆菌（Bacillus thuringiensis，Bt）对害虫群体进行控制和杀灭的相关专利，此为后期产出转Bt基因抗虫玉米的基础。经过基因工程处理后的多核苷酸重组体引入植物细胞，继而与害虫体内的靶基因结合起到限制害虫发育或杀灭害虫的作用。从杜邦公司抗虫玉米相关专利信息可知，抗虫范围主要是控制玉米螟、玉米黏虫等鳞翅目害虫，玉米根虫等鞘翅目害虫及盲蝽等；杜邦公司大部分玉米分子育种相关专利都涉及转基因技术，早期的方法包括农杆菌介导法和微粒轰击法，并且从大豆、烟草等其他植物中借鉴了基因转化方法。2000年起，杜邦公司对玉米纤维素合成酶和玉米金属硫蛋白进行编码，并将重构的基因片段引入植物细胞中生产能够表达相关性状的转基因植物，特别是2010年以来，杜邦公司致力于研发能够生产复合性状的转基因玉米植株，使新的植物能同时具有抗虫、抗除草剂、抗旱、抗胁迫、高产、优质的特点，充分发挥了分子育种技术在玉米生产中的重要作用。

综上所述，杜邦公司在玉米分子育种领域发展早期就开始有技术研发投入，注重专利的全球布局及技术的延续和完善。20世纪90年代初期，杜邦公司引用其他机构公开的技术对抗虫和抗除草剂玉米展开研发，此时其技术投入开始大幅增长。20世纪90年代后期，杜邦公司收购了先锋良种，掌握了该领域中的基础技术的核心专利，在此基础上对玉米分子育种各项技术和品系进行创新，在全球范围内多个国家和地区申请专利，通过对同族专利和外围专利的申请，对技术进行全面保护。2017年杜邦公司与陶氏化学完成合并交易，又为杜邦公司引进了大量玉米分子育种技术及相关新品种。

表 2.6　杜邦公司玉米分子育种领域重要专利信息

专利公开号	申请日期	公开日期	DWPI标题	原始专利权人	最早优先权日期	施引专利数量（件）	同族专利成员数量（件）	法律状态	预估的截止日期
转基因/高油									
WO1992008341A1	1991-10-11	1992-05-29	Rapid enhancement of desired corn grain quality traits by pollination of high yield male sterile plants with non-isogenic corn plants having required trait	杜邦公司、Pfister玉米公司	1990-11-16	10	16	失效	—
WO1995022598A2	1995-02-15	1995-08-24	Prodn. of corn grain with high oleic acid and total oil content by crossing selected varieties, and by forming mutant plants using a chemical mutagen	杜邦公司	1994-02-15	27	13	失效	—
WO1998042870A1	1998-03-19	1998-10-01	Breeding corn with increased oil concentration comprises use of genetic markers to identify trait loci controlling kernel oil concentration	杜邦公司	1997-03-24	16	11	失效	—
WO2000032756A2	1999-12-01	2000-06-08	Polynucleotides encoding diacylglycerol acetyltransferase, useful for synthesis of triacylglycerols and increasing the level of oils in plant seeds	杜邦公司	1998-12-02	60	16	失效	—

（续表）

专利公开号	申请日期	公开日期	DWPI标题	原始专利权人	最早优先权日期	施引专利数量（件）	同族专利成员数量（件）	法律状态	预估的截止日期
转基因/高油									
WO2007103738A2	2007-03-01	2007-09-13	Identifying a first maize plant or a first maize germplasm that has a phenotype comprising e.g., increased oil or oleic acid content by detecting in the first maize plant or the first maize germplasm a polymorphism within a marker locus	先锋良种、杜邦公司	2006-03-01	23	18	失效	—
WO2007101273A2	2007-03-01	2007-09-07	New DGAT1-2 polypeptide, useful for producing a plant having a phenotype, e.g. increased oil content, increased oleic acid content, and/or increased oleic acid/linoleic acid ratio	先锋良种、杜邦公司	2006-03-01	18	16	失效	—
WO2009143397A2	2009-05-22	2009-11-26	New polynucleotide to form oilseed with increased fatty acids comprises nucleotide sequence encoding diacylglycerol acyltransferase polypeptide and having specific amino acid identity of Clustal V method, with specific polypeptide sequences	杜邦公司、先锋良种	2008-05-23	31	19	失效	—

（续表）

专利公开号	申请日期	公开日期	DWPI标题	原始专利权人	最早优先权日期	施引专利数量（件）	同族专利成员数量（件）	法律状态	预估的截止日期
转基因/高油									
US9187736B2	2013-02-15	2015-11-17	New isolated polynucleotide comprising a nucleotide sequence encoding a polypeptide having diacylglycerol acyltransferase activity, useful for making recombinant DNA construct for increasing total fatty acid content of an oilseed	杜邦公司	2008-05-23	1	21	有效	2030-01-28
US10053702B2	2016-10-13	2018-08-21	New recombinant DNA construct comprising heterologous polynucleotides encoding plastidic carbonic anhydrase and diacylglycerol acyltransferase, useful for generating a soybean seed or plant having increased oil content	杜邦公司	2014-04-22	0	4	有效	2035-04-26
转基因/分子标记辅助选择/抗虫									
EP202739A1	1986-03-21	1986-11-26	New M-7 strain of Bacillus thuringiensis useful for control of Coleoptera pests	Mycogen公司	1985-03-22	54	2	失效	1989-03-10

（续表）

专利公开号	申请日期	公开日期	DWPI标题	原始专利权人	最早优先权日期	施引专利数量（件）	同族专利成员数量（件）	法律状态	预估的截止日期
转基因/分子标记辅助选择/抗虫									
EP213818A1	1986-08-08	1987-03-11	New poly:peptide toxin having pesticidal activity formed by bacillus thuringiensis toxin gene, and useful for killing Coleoptera beetles	Mycogen公司	1985-08-16	71	16	失效	2006-08-08
EP200344A2	1986-03-21	1986-11-05	Pesticidal method with transformed microorganisms capable of expressing pesticidal polypeptide toxin	Mycogen公司	1983-07-27	27	5	失效	2006-03-21
EP192319A2	1986-01-09	1986-08-27	Cells contg. intracellular pesticidal polypeptide useful for prolonged toxic activity against e.g. pest of agricultural hosts	Mycogen公司	1985-01-22	65	10	失效	2006-01-09
EP309145A1	1988-09-14	1989-03-29	Phage resistant strain Bacillus thuringiensis var. san diego used to control insect pests., e.g. Coleoptera, used as bait granule with pest attractant	Mycogen公司	1987-09-22	10	2	失效	1990-10-05

（续表）

专利公开号	申请日期	公开日期	DWPI标题	原始专利权人	最早优先权日期	施引专利数量（件）	同族专利成员数量（件）	法律状态	预估的截止日期
转基因/分子标记辅助选择/抗虫									
WO1994016079A2	1993-12-30	1994-07-21	New Bacillus thuringiensis isolates and purified toxins useful to control corn rootworm larvae	Mycogen公司	1992-12-31	38	3	失效	—
US6624145B1	2000-04-12	2003-09-23	New isolated protein that has toxin activity against a corn rootworm pest, useful for controlling a corn rootworm or an alfalfa weevil	Mycogen公司	1996-04-19	27	1	失效	2016-04-19
WO2011075593A1	2010-12-16	2011-06-23	DNA construct useful for producing a corn plant resistant to lepidopteran pests and corn rootworm, comprises a first, second, third and fourth expression cassette	先锋良种、杜邦公司	2009-12-17	108	2	有效	—
WO2014116854A1	2014-01-23	2014-07-31	New DNA construct comprises expression cassettes, useful for producing a transgenic corn plant resistant to lepidopteran pests, and for detecting the presence of DNA corresponding to the DP-033121-3 event in a corn sample	先锋良种、杜邦公司	2013-01-25	25	4	有效	—

（续表）

专利公开号	申请日期	公开日期	DWPI标题	原始专利权人	最早优先权日期	施引专利数量（件）	同族专利成员数量（件）	法律状态	预估的截止日期
转基因/基因编辑/载体构建/雄性不育/高油/抗虫/复合性状									
WO1991018985A1	1991-05-16	1991-12-12	DNA encoding soybean stearoyl-ACP desaturase enzyme and precursor and chimeric genes, for plant transformation and control of levels of satd. and unsaturated fatty acids in edible oils	杜邦公司.	1990-05-25	38	9	失效	—
WO1994011516A1	1993-10-15	1994-05-26	Genes for fatty acid desaturase enzymes permit alteration of plant lipid composition	杜邦公司	1992-11-17	504	17	失效	—
EP465024A1	1991-06-12	1992-01-08	Providing hereditary,, externally controllable male sterility in plant by controlling micro-sporogenesis with externally inducible promoter	先锋良种	1990-06-12	35	11	失效	2011-06-11
WO1993018171A1	1993-03-09	1993-09-16	Control of male fertility in hybrid plant breeding by replacement of natural gene with flavonol producing gene, so that male fertile or male sterile plants can be produced as hybrid parent	先锋良种、华盛顿州立大学	1990-06-12	24	15	失效	—

（续表）

专利公开号	申请日期	公开日期	DWPI标题	原始专利权人	最早优先权日期	施引专利数量（件）	同族专利成员数量（件）	法律状态	预估的截止日期
转基因/基因编辑/载体构建/雄性不育/高油/抗虫/复合性状									
US5689051A	1995-06-07	1997-11-18	Prodn of reversible male sterility in a plant by transformation with a construct with regulatory elements and DNA which inhibit pollen formation of function	先锋良种	1994-12-08	113	38	失效	2014-12-08
US5723764A	1995-06-07	1998-03-03	Transgenic plant producing bacterial cellulose is transformed with genes from Acetobacter xylinium	先锋良种	1995-06-07	56	1	失效	2015-06-07
WO1998056921A1	1998-06-10	1998-12-17	New isolated regulatory sequences for transgenic plants which are derived from the maize root preferential cationic peroxidase protein (per5) gene	陶氏化学	1997-06-12	18	14	失效	—
WO2000012733A1	1999-08-25	2000-03-09	Maize promoter driving transcription in a seed-preferred manner, for stably transforming plant cells	先锋良种	1998-08-28	136	5	失效	—

（续表）

专利公开号	申请日期	公开日期	DWPI标题	原始专利权人	最早优先权日期	施引专利数量（件）	同族专利成员数量（件）	法律状态	预估的截止日期
转基因/基因编辑/载体构建/雄性不育/高油/抗虫/复合性状									
WO2000004166A2	1999-07-13	2000-01-27	Nucleic acid fragments encoding cellulose biosynthetic enzyme useful as probes for isolating cDNAs and genes encoding homologous proteins, for producing transgenic plants	杜邦公司	1998-07-14	42	7	失效	—
WO2002000904A3	2001-06-22	2003-01-23	New recombinant construct having a promoter operably linked to a DNA sequence which when expressed produces an RNA having homology to a target mRNA and its reverse complement unrelated to endogenous DNA, for reducing gene expression	先锋良种	2000-06-23	0	15	失效	—
US7579443B2	2008-11-25	2009-08-25	New genes which encode maize cellulose synthase polypeptides in plants useful for modulating the expression of cellulose synthase in plants and to produce transgenic plants expressing the novel protein	先锋良种.	1998-08-17	10	51	失效	2017-08-25

（续表）

专利公开号	申请日期	公开日期	DWPI标题	原始专利权人	最早优先权日期	施引专利数量（件）	同族专利成员数量（件）	法律状态	预估的截止日期
转基因/基因编辑/载体构建/雄性不育/高油/抗虫/复合性状									
US8173866B1	2009-01-12	2012-05-08	Altering level of xylan in plant cell wall, involves introducing into plant cell, recombinant expression cassette comprising specific polynucleotide, culturing plant cell under plant forming conditions and expressing polynucleotide	先锋良种	2008-01-11	14	1	有效	2030-02-01
WO2009091864A2	2009-01-15	2009-07-23	New plant cell having stably incorporated into its genome a heterologous polynucleotide comprising a silencing element, useful for controlling Lygus	先锋良种、杜邦公司	2008-01-17	43	11	失效	—
WO2017066094A1	2016-10-07	2017-04-20	Composition for increasing resistance of plant to plant pathogen, pest, or insect, comprises seed and fungal entomopathogen, e.g. Metarhizium anisopliae 15013-1, Metarhizium robertsii 23013-3, and Metarhizium anisopliae 3213-1	先锋良种、杜邦公司	2015-10-12	1	9	有效	—

（续表）

专利公开号	申请日期	公开日期	DWPI标题	原始专利权人	最早优先权日期	施引专利数量（件）	同族专利成员数量（件）	法律状态	预估的截止日期
转基因/基因编辑/载体构建/雄性不育/高油/抗虫/复合性状									
WO2016205445A1	2016-06-16	2016-12-22	Silencing element used for preparing composition containing herbicide and insecticide for controlling a plant insect pest, comprises one double-stranded RNA region	先锋良种、杜邦公司	2015-06-16	3	12	有效	—
WO2015120276A1	2015-02-06	2015-08-13	New purified Pteridophyta insecticidal protein-83 (PtIP-83) polypeptide, for preparing agricultural composition used for controlling, inhibiting growth or killing insect pest population, and for producing transgenic pest-resistant plants	先锋良种、杜邦公司	2014-02-07	13	14	有效	—
WO2016186986A1	2016-05-13	2016-11-24	New isolated IPD073 polypeptide having specific amino acid sequence useful for providing insecticidal activity against Diabrotica species, and inhibiting growth, and killing insect pest, or insect pest population in transgenic plant or crop	先锋良种	2015-05-19	2	6	有效	—

（续表）

专利公开号	申请日期	公开日期	DWPI标题	原始专利权人	最早优先权日期	施引专利数量（件）	同族专利成员数量（件）	法律状态	预估的截止日期
转基因/基因编辑/载体构建/雄性不育/高油/抗虫/复合性状									
WO2018148001A1	2018-01-22	2018-08-16	New DNA construct used for controlling insect pest e.g. Lepidoptera, comprises nucleic acid molecule encoding specific polypeptide having insecticidal activity, and silencing element targeting polynucleotide having insecticidal activity	先锋良种	2017-02-08	0	1	有效	—
WO1997005260A2	1996-07-12	1997-02-13	Tobacco DnaJ-related gene transcription/translation regulatory sequence, ZmDJ1 is intermediate between constitutive and tissue specific promoters, partic. for control of antifungal and insecticide genes	先锋良种	1995-07-26	22	12	失效	—
US6177611B1	1999-02-25	2001-01-23	New constitutive promoter sequences from maize, useful in genetic manipulation of plants	先锋良种	1998-02-26	312	23	失效	2019-02-25
US5981840A	1997-01-24	1999-11-09	Transformation of maize by contacting tissue from maize with Agrobacterium capable of transferring a gene in a non-LS salt medium	先锋良种	1997-01-24	640	8	失效	2017-01-24

（续表）

专利公开号	申请日期	公开日期	DWPI标题	原始专利权人	最早优先权日期	施引专利数量（件）	同族专利成员数量（件）	法律状态	预估的截止日期
转基因/基因编辑/载体构建/雄性不育/高油/抗虫/复合性状									
US5886244A	1998-05-15	1999-03-23	New method for producing fertile transformed Zea mays plant using microparticle bombardment	先锋良种	1988-06-10	310	1	失效	2008-06-10
US6774282B1	2000-03-07	2004-08-10	Promoter for regulating expression of heterologous nucleotide sequences in plants, is capable of driving transcription in a root-preferred manner	先锋良种	1999-03-08	12	6	失效	2016-08-10
US7214855B2	2004-12-22	2007-05-08	New maize metallothionein 2 promoter, for regulating expression of heterologous nucleotide sequences of interest in plants	先锋良种、杜邦公司	2003-12-22	11	10	失效	2019-06-10
US7214854B2	2004-12-22	2007-05-08	New maize metallothionein promoter, for regulating expression of heterologous nucleotide sequences of interest in plants	先锋良种、杜邦公司	2003-12-22	4	13	失效	2019-06-10

（续表）

专利公开号	申请日期	公开日期	DWPI标题	原始专利权人	最早优先权日期	施引专利数量（件）	同族专利成员数量（件）	法律状态	预估的截止日期
转基因/基因编辑/载体构建/雄性不育/高油/抗虫/复合性状									
WO2015112846A1	2015-01-23	2015-07-30	New gene expression cassette useful for producing transgenic plant exhibiting pest or disease resistance, increasing drought and stress tolerance, comprises promoter operably linked to transgene	陶氏化学	2014-01-23	2	24	有效	—
US20170081676A1	2016-09-15	2017-03-23	New nucleic acid vector useful for producing transgenic plant cell with desired traits e.g. herbicide tolerance, comprises 3' untranslated region operably linked to polylinker sequence and/or non-Arabidopsis thaliana ubiquitin-10 gene	陶氏化学	2015-09-22	0	6	失效	2018-09-21
WO2012058528A3	2011-10-28	2012-08-02	New plant comprising a polynucleotide encoding Drought Tolerance Phenotype protein, used for developing plants with desired traits, e.g. increased drought tolerance, yield and/or biomass, and tolerance to triple stress and/or Paraquat	杜邦公司、先锋良种	2010-10-28	0	16	有效	—

（续表）

专利公开号	申请日期	公开日期	DWPI标题	原始专利权人	最早优先权日期	施引专利数量（件）	同族专利成员数量（件）	法律状态	预估的截止日期
转基因/基因编辑/载体构建/雄性不育/高油/抗虫/复合性状									
WO2014151213A2	2014-03-13	2014-09-25	New plant comprising a recombinant DNA construct comprising a polynucleotide operably linked to regulatory element in its genome, useful to produce a seed having drought tolerance, which is useful as food and/or biofuel	杜邦公司、先锋良种	2013-03-15	0	2	有效	—
WO2015102999A1	2014-12-22	2015-07-09	Increasing at least one phenotype e.g. drought stress tolerance, nitrogen stress tolerance, osmotic stress tolerance and biomass in crop plant e.g. maize, canola and wheat, by increasing expression of carboxyl esterase in crop plant	杜邦公司、先锋良种	2013-12-30	0	8	有效	—
US20150101083A1	2014-10-02	2015-04-09	New nucleic acid vector comprising promoter comprising a specified nucleic acid sequence operably linked to polylinker sequence and/or transgene, useful for inserting transgene that confers e.g. nutritional quality into genome of plant	陶氏化学	2013-10-04	1	17	有效	2034-11-28

（续表）

专利公开号	申请日期	公开日期	DWPI标题	原始专利权人	最早优先权日期	施引专利数量（件）	同族专利成员数量（件）	法律状态	预估的截止日期
转基因/基因编辑/载体构建/雄性不育/高油/抗虫/复合性状									
US9914933B2	2016-04-13	2018-03-13	New nucleic acid vector useful for introducing nucleic acid molecule into plant cell, comprises promoter operably linked to polylinker sequence, non metallothionein-like gene, or their combinations	陶氏化学	2015-04-15	0	17	有效	2036-04-13
WO2012129373A2	2012-03-22	2012-09-27	Complex transgenic trait locus within a plant used in plant breeding comprises two altered target sequences that originate from target sequence recognized and cleaved by double-strand break-inducing agent, linked to a polynucleotide	先锋良种、杜邦公司	2011-03-23	16	13	有效	—
WO2015026886A1	2014-08-20	2015-02-26	New guide polynucleotide comprising first nucleotide sequence domain complementary to nucleotide sequence in target DNA and second nucleotide sequence domain interacting with Cas endonuclease, used to modify target site in genome of cell	杜邦公司、先锋良种	2013-08-22	40	34	有效	—

（续表）

专利公开号	申请日期	公开日期	DWPI标题	原始专利权人	最早优先权日期	施引专利数量（件）	同族专利成员数量（件）	法律状态	预估的截止日期
转基因/基因编辑/载体构建/雄性不育/高油/抗虫/复合性状									
US20150082478A1	2014-08-20	2015-03-19	Selecting a plant comprising altered target site in its plant genome, comprises e.g. crossing first plant comprising clustered regularly interspaced short palindromic repeats-associated endonuclease with second plant, and evaluating progeny	杜邦公司、先锋良种	2013-08-22	52	15	暂缺	—
WO2016186946A1	2016-05-12	2016-11-24	Identifying Protospacer-Adjacent-Motif sequence involves providing library of plasmid DNA, where plasmid DNA comprises randomized Protospacer-Adjacent-Motif sequence integrated adjacent to target sequence	先锋良种	2015-05-15	21	11	有效	—

（续表）

专利公开号	申请日期	公开日期	DWPI标题	原始专利权人	最早优先权日期	施引专利数量（件）	同族专利成员数量（件）	法律状态	预估的截止日期
转基因/基因编辑/载体构建/雄性不育/高油/抗虫/复合性状									
WO2016186953A1	2016-05-12	2016-11-24	New single guide RNA useful for forming guide RNA/clustered regularly interspaced short palindromic repeat associated protein 9 endonuclease complex	先锋良种	2015-05-15	14	11	有效	—
WO2017155717A1	2017-02-27	2017-09-14	New guide RNA (gRNA) or single gRNA, useful for forming a gRNA/Clustered Regularly Interspaced Short Palindromic Repeats-associated protein 9 endonuclease complex used for modifying a target site or editing a nucleotide sequence	先锋良种	2016-03-11	2	4	有效	—

2.5 关键技术领域分析

2.5.1 转基因育种

1. 专利年代趋势分析

截至 2018 年 5 月 17 日，检索到全球玉米分子育种领域转基因育种技术相关专利 6252 项，图 2.19 显示了全球玉米分子育种领域转基因育种技术相关专利数量年代趋势。从图 2.19 中可以看出，在玉米分子育种领域，转基因育种技术相关专利最早出现于 1981 年，此后 8 年发展缓慢，1990 年专利数量达到 43 项，直至 1995 年专利数量才开始稳定增长，并在 1998 年有了阶段性的上升，年专利数量超过 300 项。从总体上看，全球玉米分子育种领域转基因育种技术正处于快速发展期。

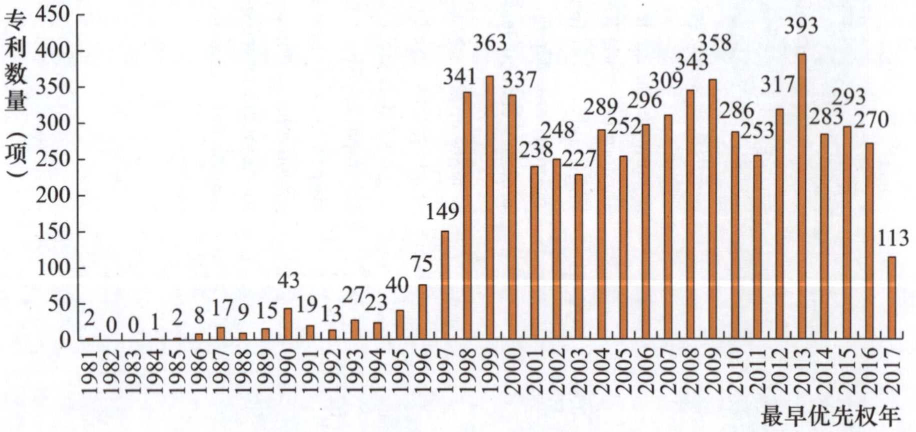
专利数量（项）
450
400
350
300
250
200
150
100
50
0
2 0 0 1 2 8 17 9 15 43 19 13 27 23 40 75 149 341 363 337 238 248 227 289 252 296 309 343 358 286 253 317 393 283 293 270 113
1981 1982 1983 1984 1985 1986 1987 1988 1989 1990 1991 1992 1993 1994 1995 1996 1997 1998 1999 2000 2001 2002 2003 2004 2005 2006 2007 2008 2009 2010 2011 2012 2013 2014 2015 2016 2017
最早优先权年

图 2.19 全球玉米分子育种领域转基因育种技术相关专利数量年代趋势

2. 专利权人分析

图 2.20 显示了全球玉米分子育种领域转基因育种技术主要专利权人分布。经过统计发现，TOP10 专利权人共产出专利 3343 项，

占该技术专利总量的 53.47%。其中，专利数量最多的是杜邦公司，共 1341 项专利，排名第二和第三的分别是孟山都公司和巴斯夫公司，专利数量分别为 664 项和 394 项。北京大北农科技集团股份有限公司在该领域共有 72 项专利产出。

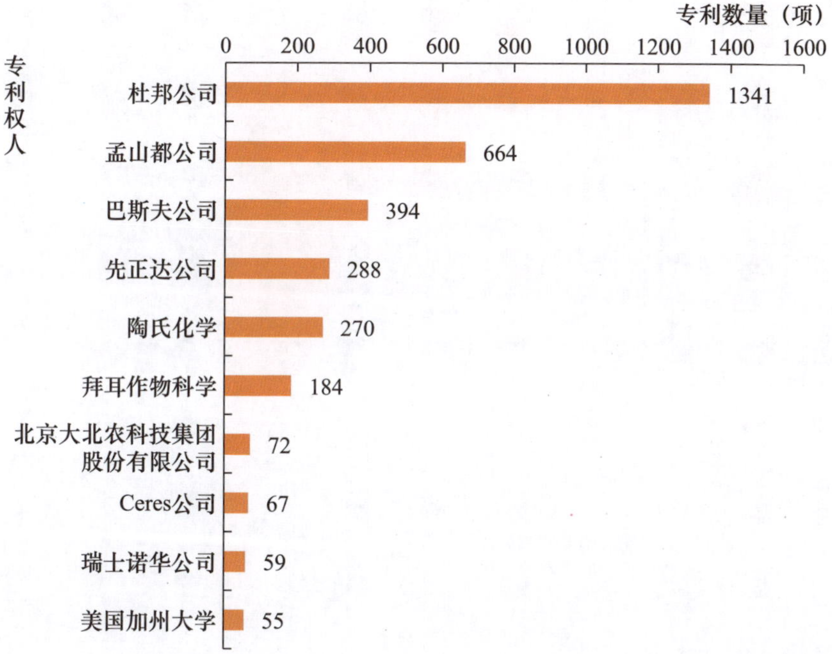
专利数量（项）
0
200
400
600
800
1000
1200
1400
1600
专利权人
杜邦公司
1341
孟山都公司
664
巴斯夫公司
394
先正达公司
288
陶氏化学
270
拜耳作物科学
184
北京大北农科技集团股份有限公司
72
Ceres公司
67
瑞士诺华公司
59
美国加州大学
55

图 2.20　全球玉米分子育种领域转基因育种技术主要专利权人分布

图 2.21 和图 2.22 为 1985 年—2017 年全球玉米分子育种领域转基因育种技术主要专利权人专利数量年代趋势，从中可以看出各专利权人的专利申请趋势变化。

杜邦公司第一项转基因育种相关专利出现于 1986 年，公开号为 US5141870，除 1989 年无专利产出外，后续年份持续产出相关专利；到 1998 年，该公司在玉米转基因育种研究领域有了较大发展，专利数量达到高峰，有 151 项，1999 年其专利数量为 112 项，随后年份专利数量大都在 40 ～ 80 项。

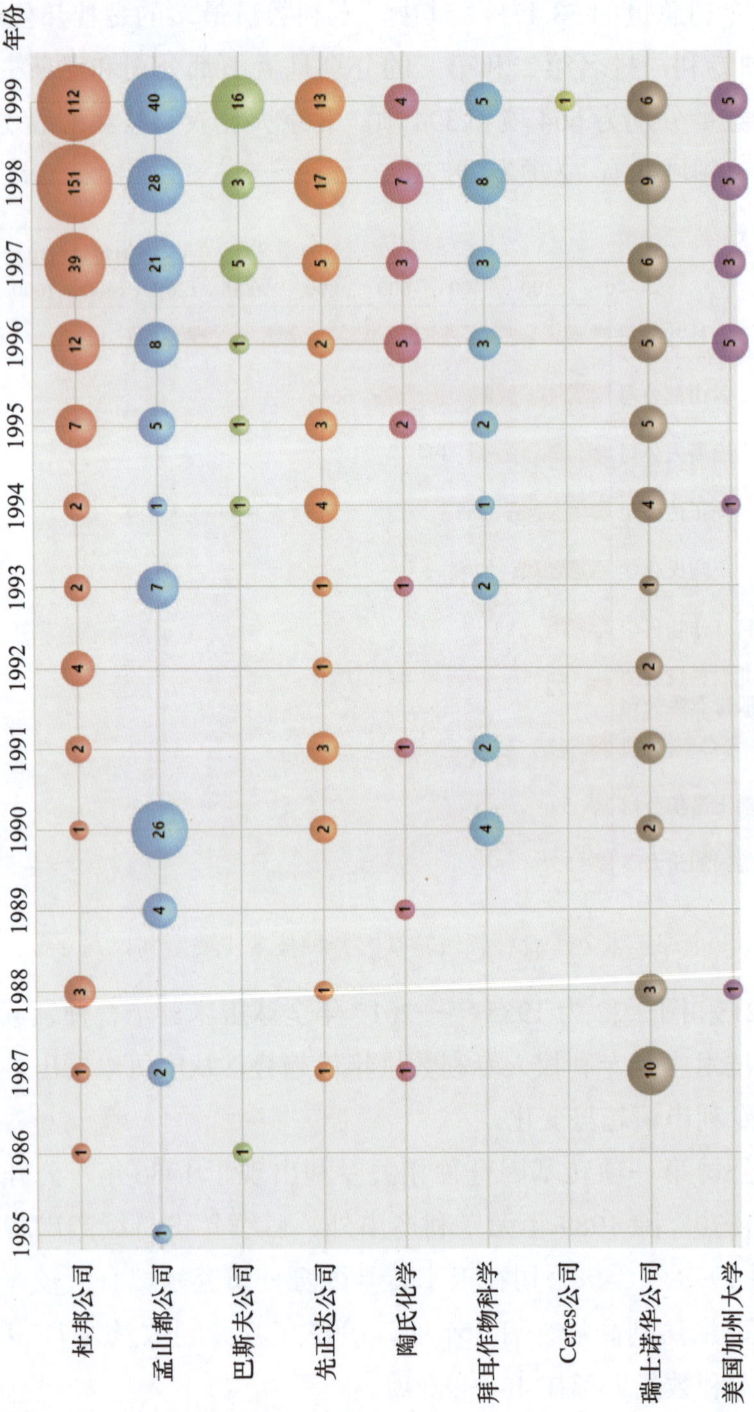
年份
1985
1986
1987
1988
1989
1990
1991
1992
1993
1994
1995
1996
1997
1998
1999
杜邦公司
孟山都公司
巴斯夫公司
先正达公司
陶氏化学
拜耳作物科学
Ceres公司
瑞士诺华公司
美国加州大学

图 2.21 全球玉米分子育种领域转基因育种技术主要专利权人专利数量年代趋势

（年代跨度：1985 年—1999 年）（单位：项）

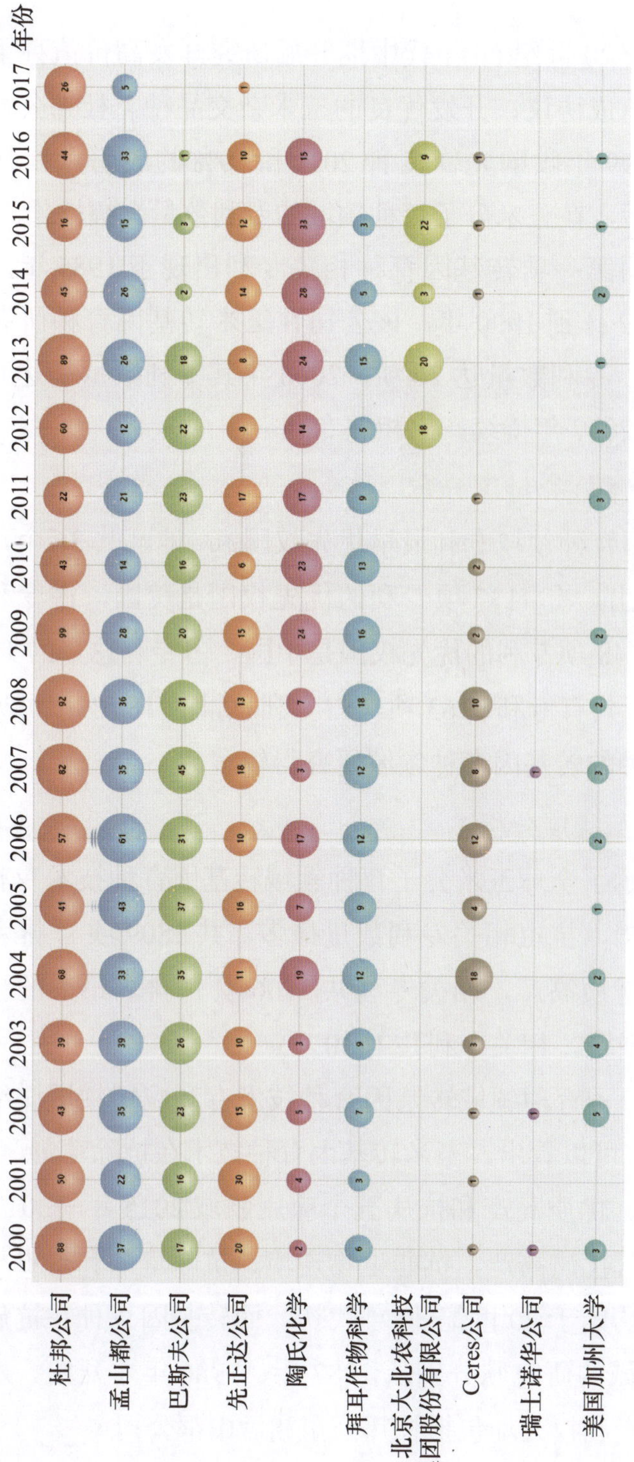
年份
2000
2001
2002
2003
2004
2005
2006
2007
2008
2009
2010
2011
2012
2013
2014
2015
2016
2017
杜邦公司
孟山都公司
巴斯夫公司
先正达公司
陶氏化学
拜耳作物科学
北京大北农科技集团股份有限公司
Ceres公司
瑞士诺华公司
美国加州大学

图 2.22　全球玉米分子育种领域转基因育种技术主要专利权人专利数量年代趋势

（年代跨度：2000 年—2017 年）（单位：项）

杜邦公司于20世纪80年代中期开始研究开发高价值种子并与一家种子公司达成协议，开发优良的玉米杂交品种。杜邦公司先后在1997年、1999年收购先锋良种20%和80%的股份，杜邦公司收购先锋良种后，在玉米分子育种领域的专利数量大幅增长。

孟山都公司第一项转基因育种相关专利出现于1985年，公开号为US5188642；到1990年，该公司在玉米转基因育种研究领域有了较大发展，专利数量达26项，2006年其专利数量高达61项，并且2006年—2017年持续产出相关专利。

3. 专利来源国家/地区分布

玉米转基因育种领域专利最早优先权国家/地区共36个，通过图2.23可以看出，有4137项专利的优先权国是美国，占专利总量的66.2%；有948项专利的优先权国是中国，占专利总量的15.2%；其他国家/地区共有专利1163项，占专利总量的18.6%。可见美国在玉米分子育种的转基因育种领域研究得较多。

4. 专利应用领域分析

图2.24显示了全球玉米分子育种领域转基因育种技术专利应用分布，可以看出，抗虫相关专利数量最多，共1809项；排名第二的应用领域为优质高产，相关专利共1706项；排名第三的应用领域为抗非生物逆境，相关专利共1610项。

全球玉米分子育种领域转基因育种技术专利应用领域详细分析如表2.7所示。可以看出，玉米转基因育种技术在抗除草剂、抗虫、抗非生物逆境、优质高产和抗病五个应用领域2015年—2017年活跃度均较高，且优质高产、抗非生物逆境、抗除草剂和抗虫相关研究发展较早，均始于20世纪80年代初。而转基因育种在抗病和营养高效应用领域的研究则分别从1987年、1986年才开始。六大应用领域的主要专利权人均包括杜邦公司和孟山都公司。

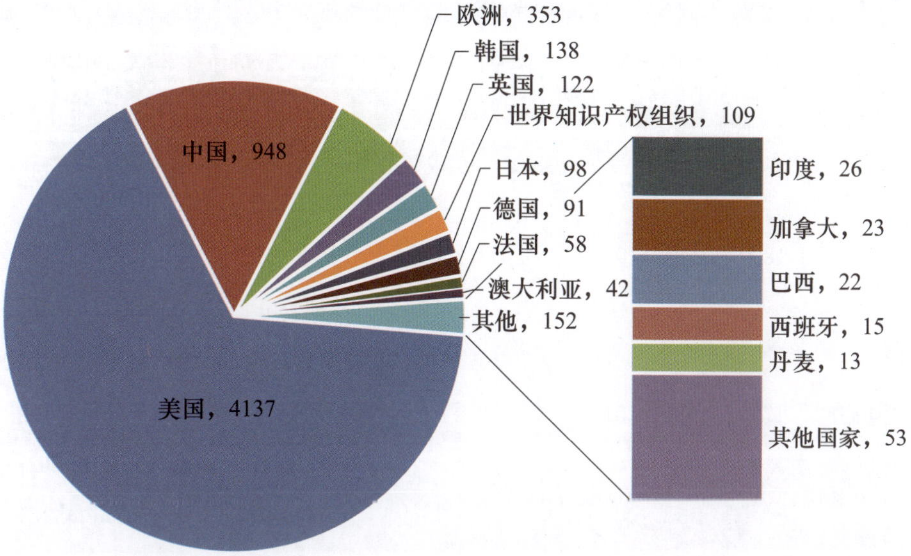
欧洲，353
韩国，138
英国，122
世界知识产权组织，109
日本，98
德国，91
法国，58
澳大利亚，42
其他，152
中国，948
美国，4137
印度，26
加拿大，23
巴西，22
西班牙，15
丹麦，13
其他国家，53

图 2.23　全球玉米分子育种领域转基因育种技术专利来源国家 / 地区分析

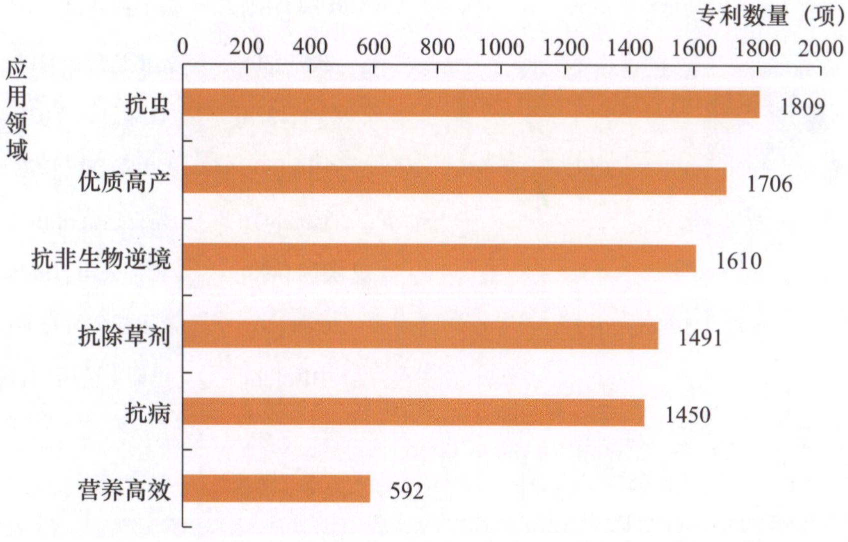
专利数量（项）
0
200
400
600
800
1000
1200
1400
1600
1800
2000
应用领域
抗虫
1809
优质高产
1706
抗非生物逆境
1610
抗除草剂
1491
抗病
1450
营养高效
592

图 2.24　全球玉米分子育种领域转基因育种技术专利应用分布

表 2.7 全球玉米分子育种领域转基因育种技术专利应用领域详细分析

应用分类	专利数量（项）	年代跨度（年）	2015年—2017年专利数量占比	主要国家/地区	主要专利权人
抗虫	1809	1984—2017	11%	美国 [1521]; 中国 [140]; 欧洲 [36]	杜邦公司 [569]; 孟山都公司 [316]; 先正达公司 [156]
优质高产	1706	1981—2017	9%	美国 [1246]; 欧洲 [185]; 中国 [133]	杜邦公司 [407]; 孟山都公司 [226]; 巴斯夫公司 [202]
抗非生物逆境	1610	1981—2017	10%	美国 [1124]; 中国 [227]; 欧洲 [93]	杜邦公司 [458]; 孟山都公司 [177]; 巴斯夫公司 [129]
抗除草剂	1491	1981—2017	12%	美国 [1286]; 中国 [104]; 欧洲 [30]	杜邦公司 [493]; 孟山都公司 [353]; 先正达公司 [108]
抗病	1450	1987—2017	9%	美国 [1234]; 中国 [60]; 欧洲 [47]	杜邦公司 [502]; 孟山都公司 [273]; 先正达公司 [97]
营养高效	592	1986—2017	6%	美国 [490]; 欧洲 [30]; 中国 [26]	杜邦公司 [195]; 孟山都公司 [109]; 巴斯夫公司 [41]

2.5.2 分子标记辅助选择育种

1. 专利年代趋势分析

截至 2018 年 5 月 17 日，检索到全球玉米分子育种领域分子标记辅助选择技术专利 760 项，图 2.25 显示了全球玉米分子育种领域分子标记辅助选择技术专利数量年代趋势。从图 2.25 中可以看出，应用于分子标记辅助选择育种领域的玉米分子育种专利最早申请于 1986 年，此后十多年一直发展缓慢，直至 1998 年才开始有了大幅增长，并在 2005 年、2016 年出现专利申请的高峰，年专利数量超过 50 项，2014 年—2017 年分子标记辅助选择技术相关专利年均申请量在 40 ～ 50 项。

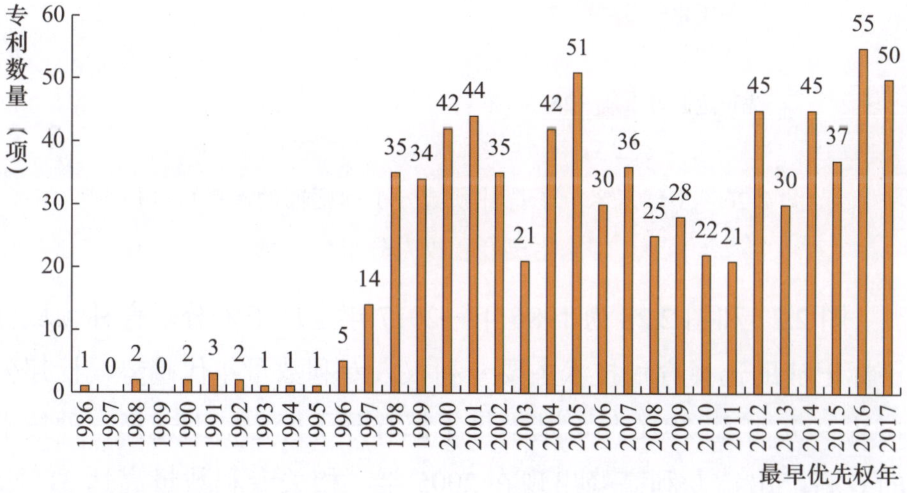

专利数量（项）
60
50
40
30
20
10
0
1
0
2
0
2
3
2
1
1
1
5
14
35
34
42
44
35
21
42
51
30
36
25
28
22
21
45
30
45
37
55
50
1986
1987
1988
1989
1990
1991
1992
1993
1994
1995
1996
1997
1998
1999
2000
2001
2002
2003
2004
2005
2006
2007
2008
2009
2010
2011
2012
2013
2014
2015
2016
2017
最早优先权年

图 2.25　全球玉米分子育种领域分子标记辅助选择技术专利数量年代趋势

2．专利权人分析

对 760 项全球玉米分子标记辅助选择育种领域的专利家族进行专利权人的统计分析，可以了解在该领域已在全球布局的机构情况，如图 2.26 所示。经过统计发现，TOP5 机构共产出专利 417 项（去重后数据），占总专利产出的 54.87%。其中，专利数量最多的是杜邦公司，共 259 项专利，排名第二和第三的分别是孟山都公司和巴斯夫公司，专利数量分别为 62 项和 43 项。

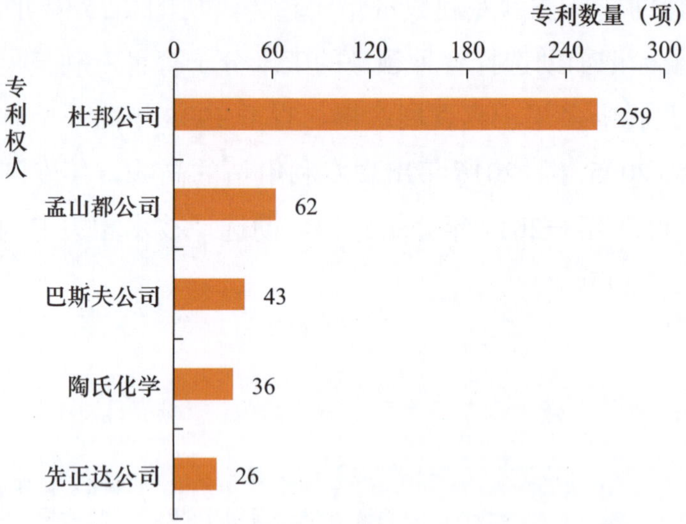
专利数量（项）
0
60
120
180
240
300
专利权人
杜邦公司
259
孟山都公司
62
巴斯夫公司
43
陶氏化学
36
先正达公司
26

图 2.26　全球玉米分子育种领域分子标记辅助选择育种技术主要专利权人分布

图 2.27 和图 2.28 为 1986 年—2017 年全球玉米分子育种领域分子标记辅助选择育种技术主要专利权人专利数量年代趋势，杜邦公司从 1996 年到 2016 年，基本每年都有分子标记辅助选择育种技术的专利产出，专利高峰出现在 2005 年，相关专利数量高达 31 项。孟山都公司从 1997 年到 2016 年，也是每年都有分子标记辅助选择育种技术的专利申请，发展较平稳。

3．专利来源国家/地区分布

全球玉米分子育种领域分子标记辅助选择育种技术的专利最早优先权国家 / 地区共 16 个，如图 2.29 所示。从图 2.29 中可以看出，玉米分子标记辅助选择育种相关专利中，有 498 项专利的最早优先权国是美国，占专利总量的 65.5%；有 176 项专利的优先权国是中国，占专利总量的 23.2%；其他国家 / 地区共有专利 86 项，仅占专利总量的 11.3%。

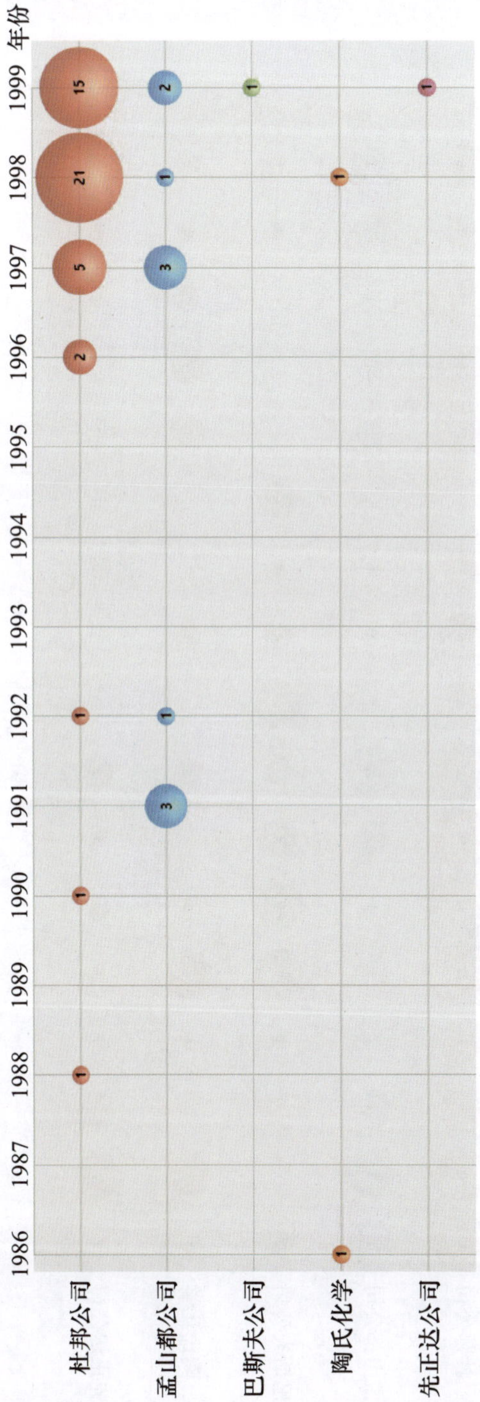
年份
1986
1987
1988
1989
1990
1991
1992
1993
1994
1995
1996
1997
1998
1999
杜邦公司
孟山都公司
巴斯夫公司
陶氏化学
先正达公司

图 2.27　全球玉米分子育种领域分子标记辅助选择育种技术主要专利权人专利数量年代趋势

（年代跨度：1986 年—1999 年）（单位：项）

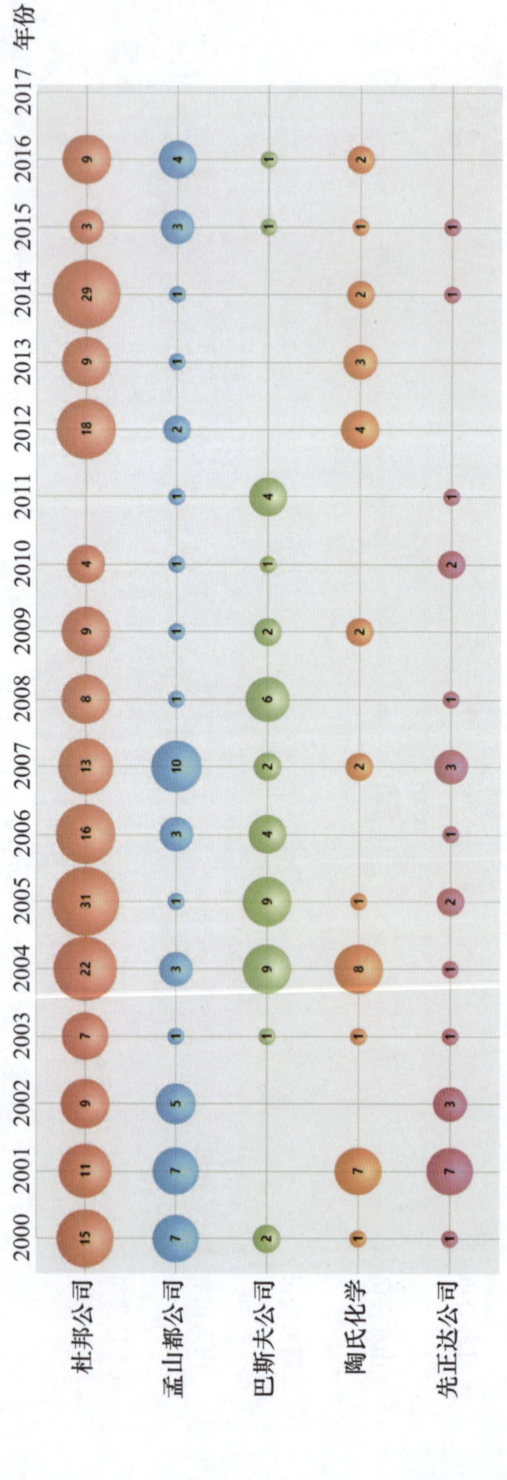
年份
2000
2001
2002
2003
2004
2005
2006
2007
2008
2009
2010
2011
2012
2013
2014
2015
2016
2017
杜邦公司
孟山都公司
巴斯夫公司
陶氏化学
先正达公司

图 2.28 全球玉米分子育种领域分子标记辅助选择育种技术主要专利权人专利数量年代趋势
（年代跨度：2000 年—2017 年）（单位：项）

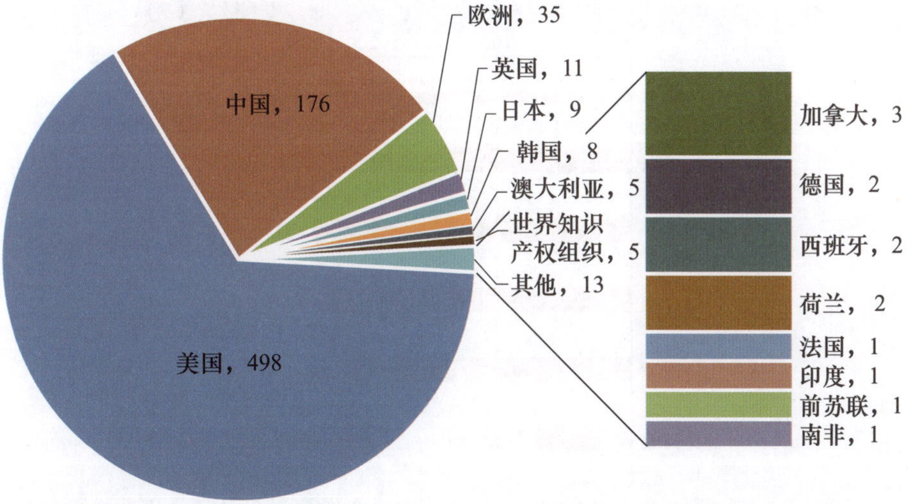
欧洲，35
英国，11
日本，9
韩国，8
澳大利亚，5
世界知识产权组织，5
其他，13
中国，176
美国，498
加拿大，3
德国，2
西班牙，2
荷兰，2
法国，1
印度，1
前苏联，1
南非，1

图 2.29　全球玉米分子育种领域分子标记辅助选择育种技术专利来源国家 / 地区分析（单位：项）

4．专利应用领域分析

图 2.30 为全球玉米分子育种领域分子标记辅助选择育种技术专利应用领域分布，可以看出，抗病相关专利数量最多，共 297 项；排名第二的应用领域为抗虫，相关专利共 269 项；排名第三的应用领域为优质高产，相关专利共 238 项。

表 2.8 显示了全球玉米分子育种领域分子标记辅助选择育种专利技术详细分析的结果。可以看出，分子标记辅助选择技术 2015 年—2017 年在抗非生物逆境和优质高产领域的活跃度相对较高，在抗病、抗虫和抗除草剂领域也有一定的活跃度，在营养高效领域 2015 年—2017 年没有相关专利产出。玉米分子育种相关专利中，分子标记辅助选择育种技术自 1988 年开始应用于优质高产领域，1990 年开始应用于抗病领域，1991 年开始应用于抗虫领域，且至今仍有相关专利申请，三大应用领域的主要专利权人都包括杜邦公司和孟山都公司。

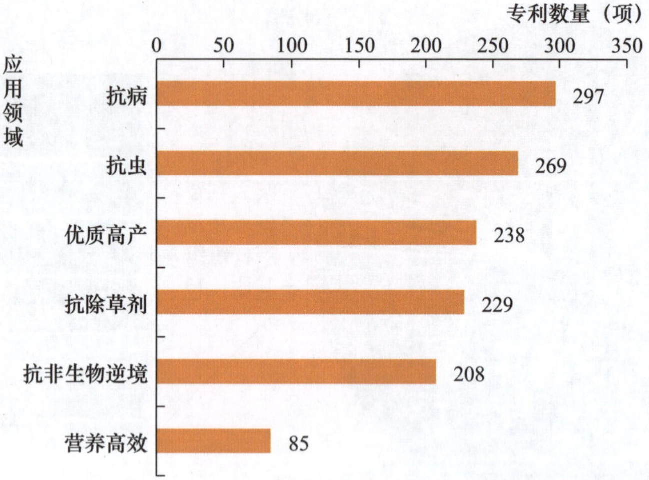
专利数量（项）
0
50
100
150
200
250
300
350
应用领域
抗病
297
抗虫
269
优质高产
238
抗除草剂
229
抗非生物逆境
208
营养高效
85

图 2.30　全球玉米分子育种领域分子标记辅助选择育种技术专利应用领域分布

表 2.8　全球玉米分子育种领域分子标记辅助选择育种技术专利应用领域详细分析

应用分类	专利数量（项）	年代跨度（年）	2015年—2017年专利数量占比	主要国家/地区	主要专利权人
抗病	297	1990—2017	9%	美国 [266]; 中国 [19]; 澳大利亚 [3]	杜邦公司 [175]; 孟山都公司 [27]; 先正达公司 [12]
抗虫	269	1991—2017	7%	美国 [255]; 中国 [6]; 澳大利亚 [3]	杜邦公司 [166]; 孟山都公司 [28]; 陶氏化学 [18]
优质高产	238	1988—2017	12%	美国 [170]; 欧洲 [29]; 中国 [28]	杜邦公司 [82]; 巴斯夫公司 [34]; 孟山都公司 [29]

（续表）

应用分类	专利数量（项）	年代跨度（年）	2015年—2017年专利数量占比	主要国家/地区	主要专利权人
抗除草剂	229	1996—2016	6%	美国 [219]; 中国 [4]; 加拿大 [2]; 日本 [2]	杜邦公司 [142]; 孟山都公司 [26]; 先正达公司 [11]
抗非生物逆境	208	1994—2017	13%	美国 [169]; 中国 [16]; 欧洲 [13]	杜邦公司 [101]; 巴斯夫公司 [21]; 孟山都公司 [14]
营养高效	85	1990—2014	0%	美国 [81]; 欧洲 [3]	杜邦公司 [45]; 孟山都公司 [14]; 陶氏化学 [5]; 利马格兰集团 [5]

2.5.3　全基因组选择育种

1．专利年代趋势分析

截至 2018 年 5 月 17 日，检索到全球玉米分子育种领域全基因组选择育种技术专利 98 项，图 2.31 显示了全球玉米分子育种领域全基因组选择育种技术专利数量年代趋势。从图 2.31 中可以看到，全基因组选择育种领域的玉米分子育种专利最早出现于 1991 年，此后一直发展缓慢，2002 年、2007 年、2013 年出现过申请高值，年度专利数量在 10 项左右，并在 2016 年—2017 年保持年度专利数量在 10 项及以上。

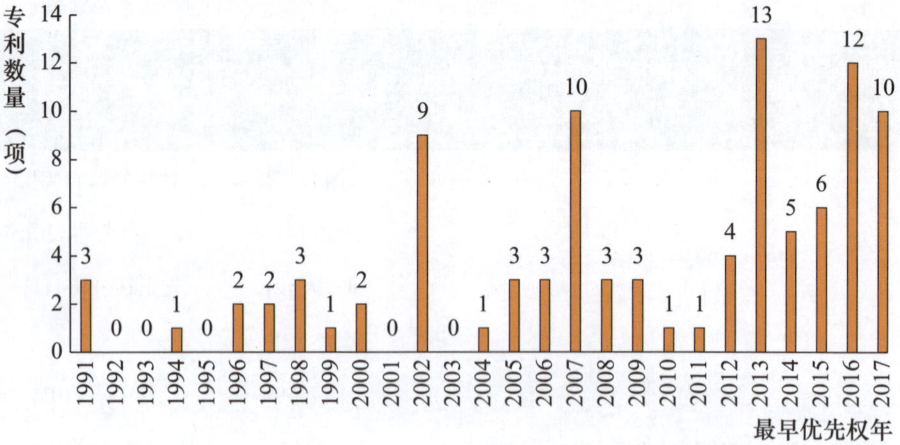
专利数量（项）
14
12
10
8
6
4
2
0
3
0
0
1
0
2
2
3
1
2
0
9
0
1
3
3
10
3
3
1
1
4
13
5
6
12
10
1991
1992
1993
1994
1995
1996
1997
1998
1999
2000
2001
2002
2003
2004
2005
2006
2007
2008
2009
2010
2011
2012
2013
2014
2015
2016
2017
最早优先权年

图 2.31　全球玉米分子育种领域全基因组选择育种技术专利数量年代趋势

2. 专利权人分析

对 98 项全球玉米全基因组选择育种领域的专利家族进行专利权人的统计分析，可以了解在该领域已在全球布局的机构情况，如图 2.32 所示。经过统计发现，TOP5 机构共拥有专利 63 项，占专利产出总量的 63.27%。其中，专利数量最多的是孟山都公司，共 24 项专利；排名第二和第三的分别是杜邦公司和先正达公司，专利数量分别为 13 项和 11 项。

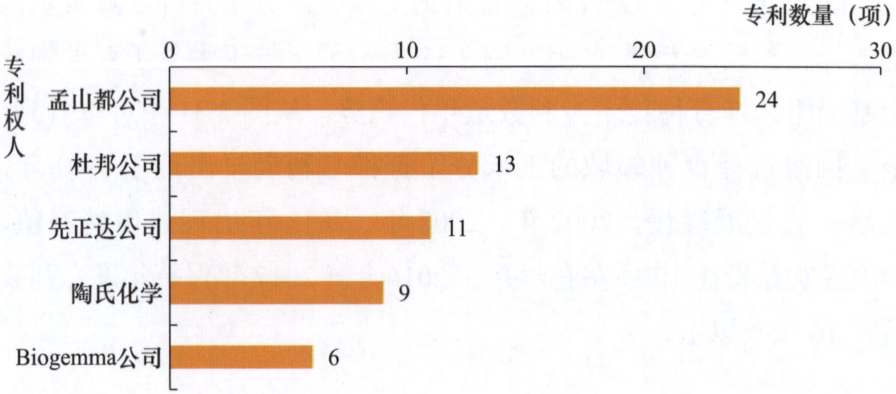
专利数量（项）
0
10
20
30
专利权人
孟山都公司
24
杜邦公司
13
先正达公司
11
陶氏化学
9
Biogemma公司
6

图 2.32　全球玉米分子育种领域全基因组选择育种技术主要专利权人分布

从图 2.33 中可以看出全球玉米分子育种领域全基因组选择育种技术主要专利权人专利数量年代趋势，孟山都公司从 1991 年开始在玉米全基因组选择育种领域进行布局，也是最早在该领域开始申请专利的机构，随后有零星专利申请，2007 年专利数量达到高峰（专利数量为 6 项）。杜邦公司、Biogemma 公司均从 1997 年开始在玉米全基因组选择育种领域进行布局，杜邦公司在 2012 年后还有零星专利产出，Biogemma 公司从 2008 年开始暂无专利产出。先正达公司从 2002 年开始在玉米全基因组选择育种领域进行布局，陶氏化学 2009 年才开始在该领域进行布局。

3. 专利来源国家/地区分布

全球玉米分子育种领域全基因组选择育种技术的专利最早优先权国家 / 地区共 10 个，如图 2.34 所示。从图 2.34 中可以看出，玉米全基因组选择育种相关专利中，有 71 项专利的优先权国是美国，占专利总量的 72.4%；有 13 项专利的优先权国是中国，占专利总量的 13.3%；其他国家 / 地区共有专利 14 项，仅占专利总量的 14.3%。

4. 专利技术分析

图 2.35 为全球玉米分子育种领域全基因组选择育种专利应用领域分布，可以看出，优质高产相关专利数量最多，共 31 项；排名第二的应用领域为抗非生物逆境，相关专利共 29 项；排名第三的应用领域为抗病，相关专利共 24 项。

全球玉米分子育种领域全基因组选择育种专利技术详细分析如表 2.9 所示。从表 2.9 中可以看出，全基因组选择技术在六个应用领域 2015 年—2017 年的活跃度均较高，2015 年—2017 年专利数量占比在 26% ～ 34%。在玉米分子育种相关专利中，全基因组选

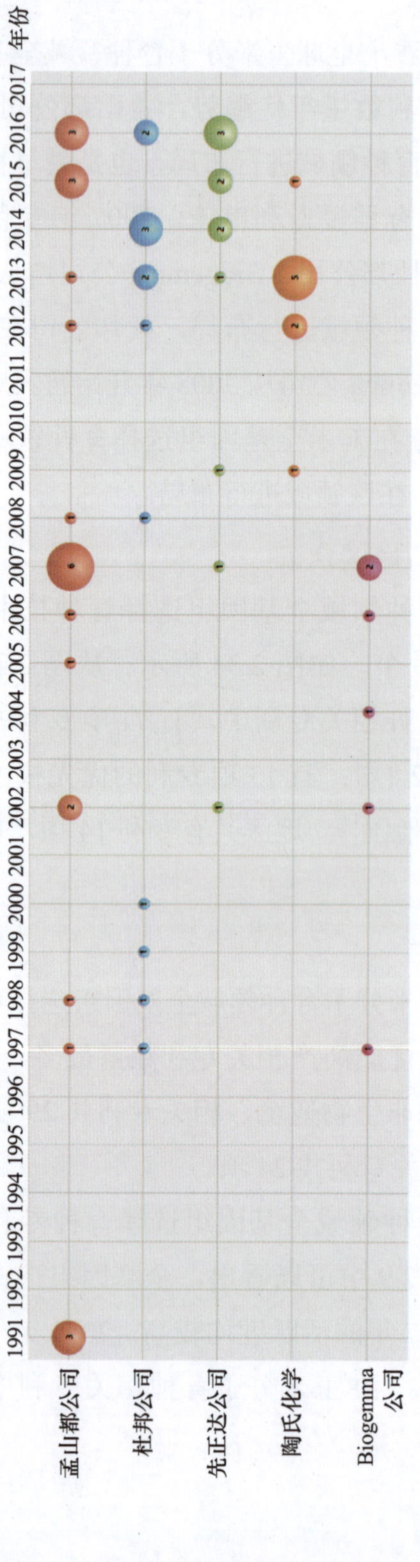

孟山都公司
杜邦公司
先正达公司
陶氏化学
Biogemma 公司
1991
1992
1993
1994
1995
1996
1997
1998
1999
2000
2001
2002
2003
2004
2005
2006
2007
2008
2009
2010
2011
2012
2013
2014
2015
2016
2017
年份

图 2.33 全球玉米分子育种领域全基因组选择育种技术主要专利权人专利数量年代趋势（年代跨度：1991 年—2017 年）（单位：项）

择技术从 1991 年开始应用于优质高产和抗虫领域，从 1997 年开始应用于抗病和营养高效领域，但直到 2000 年（含）以后才开始应用于抗非生物逆境和抗除草剂领域。六大应用领域的主要专利权人基本都是孟山都公司、杜邦公司和先正达公司。

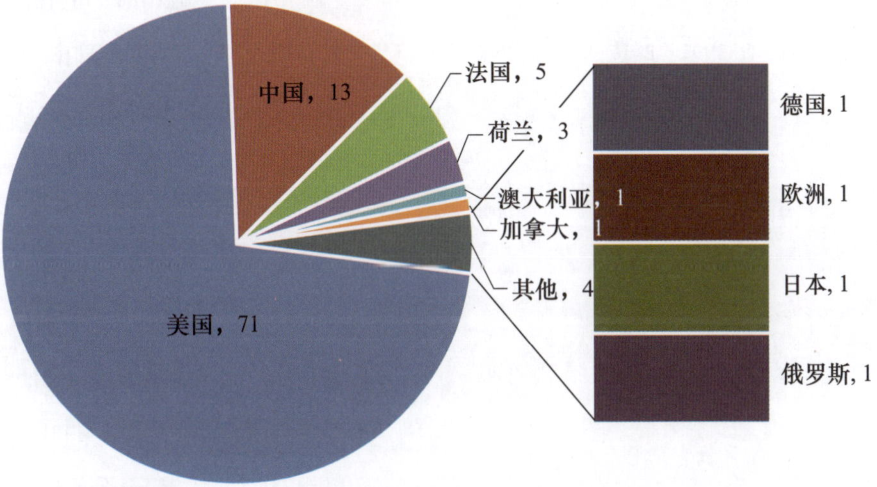
中国，13
法国，5
荷兰，3
澳大利亚，1
加拿大，1
其他，4
美国，71
德国, 1
欧洲, 1
日本, 1
俄罗斯, 1

图 2.34　全球玉米分子育种领域全基因组选择育种技术专利来源国家 / 地区分析（单位：项）

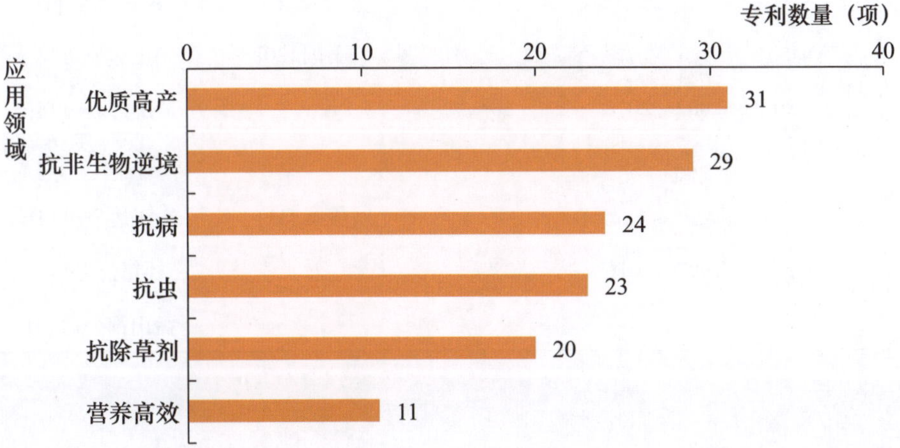
专利数量（项）
0
10
20
30
40
应用领域
优质高产
31
抗非生物逆境
29
抗病
24
抗虫
23
抗除草剂
20
营养高效
11

图 2.35　全球玉米分子育种领域全基因组选择育种专利应用领域分布

表 2.9 全球玉米分子育种领域全基因组选择育种技术专利应用领域详细分析

应用分类	专利数量（项）	年代跨度（年）	2015年—2017年专利数量占比	主要国家/地区	主要专利权人
优质高产	31	1991—2017	26%	美国 [27]; 中国 [2]	孟山都公司 [10]; 杜邦公司 [6]; 先正达公司 [6]
抗非生物逆境	29	2000—2017	34%	美国 [27]	先正达公司 [8]; 孟山都公司 [7]; 杜邦公司 [4]
抗病	24	1997—2016	29%	美国 [22]; 法国 [2]	先正达公司 [8]; 孟山都公司 [8]; 杜邦公司 [3]
抗虫	23	1991—2016	26%	美国 [23]	先正达公司 [8]; 孟山都公司 [8]; 杜邦公司 [3]; 陶氏化学 [3]
抗除草剂	20	2002—2016	30%	美国 [20]	先正达公司 [8]; 孟山都公司 [6]; 陶氏化学 [3]
营养高效	11	1997—2016	27%	美国 [11]	先正达公司 [4]; 杜邦公司 [4]; 孟山都公司 [3]

第 3 章

玉米分子育种中国专利态势分析

3.1 中国专利年代趋势

从与玉米分子育种相关的全部专利中，筛选出优先权国为中国的全部专利共 1768 项，专利家族最早优先权年时间跨度为 1992 年—2017 年，共 26 年。图 3.1 为中国玉米分子育种专利年代趋势。从图 3.1 中可以看出，中国最早的玉米分子育种专利出现于 1992 年，此后的 5 年间只有零星的专利申请，直到 1998 年后才有了持续增长的申请量，在 2004 年专利数量出现小幅回落，自 2005 年起，专利数量有了大幅提升，并从此进入了快速发展期。

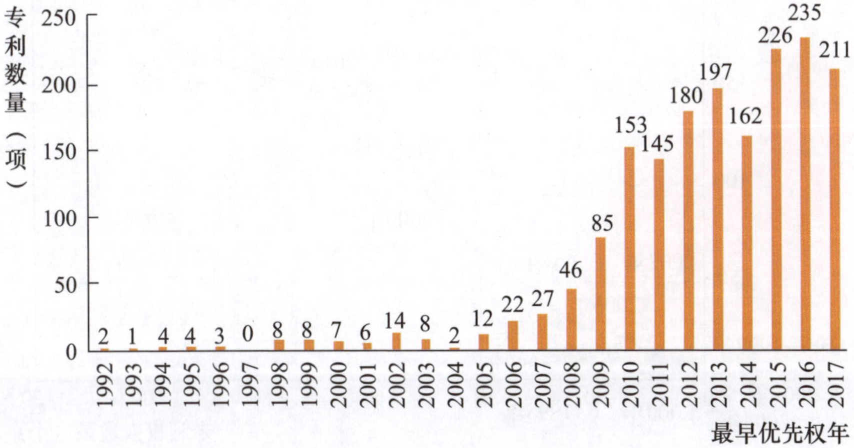
专利数量（项）
250
200
150
100
50
0
2 1 4 4 3 0 8 8 7 6 14 8 2 12 22 27 46 85 153 145 180 197 162 226 235 211
1992 1993 1994 1995 1996 1997 1998 1999 2000 2001 2002 2003 2004 2005 2006 2007 2008 2009 2010 2011 2012 2013 2014 2015 2016 2017
最早优先权年

图 3.1 中国玉米分子育种专利年代趋势

1992年中国申请了2项专利，第一项玉米分子育种专利CN1065178A是北京农业大学（1995年，北京农业大学与北京农业工程大学合并成立中国农业大学）申请的，专利名称是“甜笋玉米杂交种制种技术”。第二项玉米分子育种专利CN1086657A是云南省烟草科学研究所申请的，专利名称是“烤烟与玉米不同纲间的有性杂交法”。

图3.2为中国玉米分子育种专利技术生命周期，将一年作为一个节点，其中1992年—1997年只有零星的专利数量，为方便绘图，将之定为一个节点。从图3.2中可以看出，中国玉米分子育种技术从1992年有专利申请开始，经历了短暂的萌芽期（1992年—1997年），随后进入初步发展期（1998年—2004年），从2005年至今处于迅速成长期，除2011年和2014年专利数量、2013年—2014年专利权人数量出现小幅回落之外，其余年份专利数量与专利权人数量逐年稳定增加。

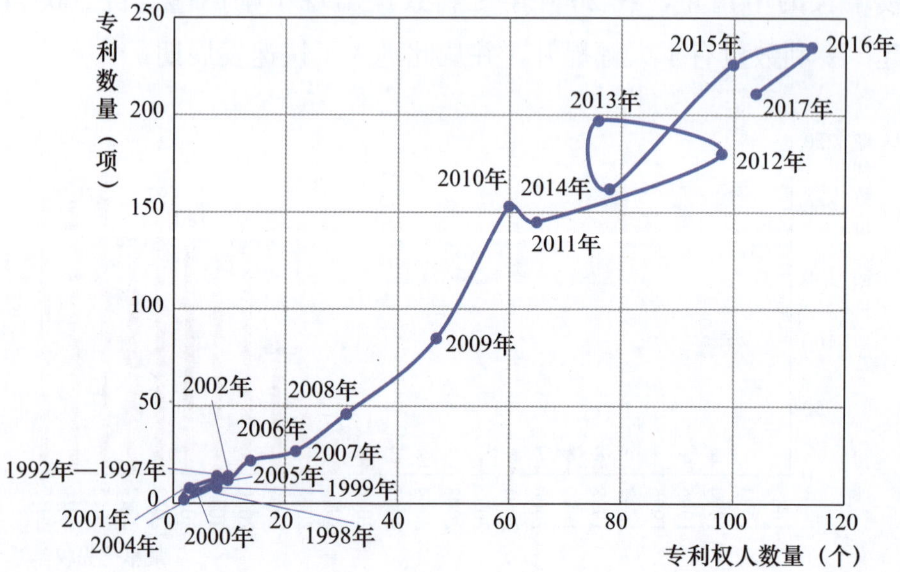
专利数量（项）
250
200
150
100
50
0
0
20
40
60
80
100
120
专利权人数量（个）
2015年
2016年
2017年
2013年
2012年
2010年
2014年
2011年
2009年
2002年
2008年
2006年
2007年
1992年—1997年
2005年
1999年
2001年
2004年
2000年
1998年

图3.2　中国玉米分子育种专利技术生命周期

3.2　中国专利布局分析

通过分析中国专利权人在全球的专利布局情况，可以看出哪些国家 / 地区是中国重点关注的专利布局地。图 3.3 显示了中国在全球申请的玉米分子育种专利受理国家 / 地区分布。

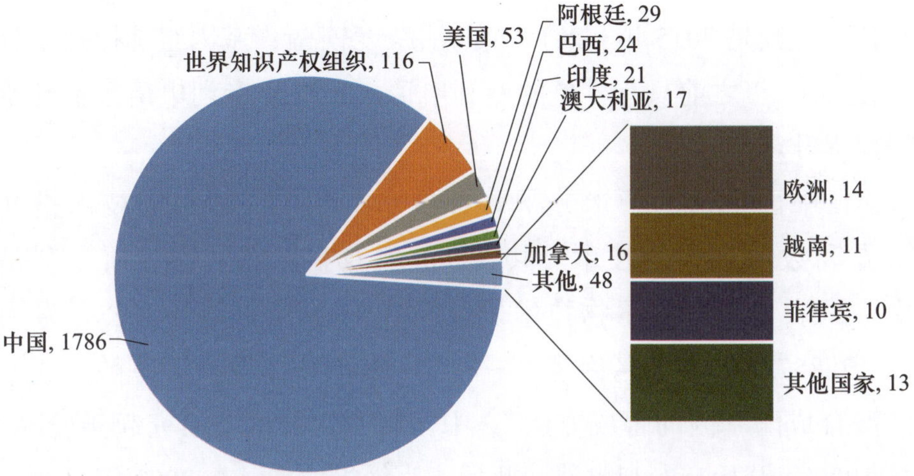
阿根廷, 29
美国, 53
巴西, 24
世界知识产权组织, 116
印度, 21
澳大利亚, 17
欧洲, 14
加拿大, 16
越南, 11
其他, 48
菲律宾, 10
中国, 1786
其他国家, 13

图 3.3　中国在全球申请的玉米分子育种专利受理国家 / 地区分布（单位：件）

从图 3.3 中可以看出，中国专利权人除在中国申请了大量专利之外，还在世界知识产权组织申请专利 116 件，在美国申请专利 53 件，在阿根廷申请专利 29 件，在巴西申请专利 24 件，在印度申请专利 21 件，这些国家都是世界农业大国，也可能是我国潜在的合作伙伴或竞争对手。虽然中国在这些国家 / 地区申请专利的数量还较少，但是我们也看到国内玉米分子育种领域的机构现在已经开始重视专利的全球化布局和保护，并正在逐步实施中。

3.3　中国专利技术分析

分析各技术分支的年度申请专利量，可以看出中国在玉米分子育种领域技术的发展趋势和走向。图 3.4 展示了中国玉米分子育种领域专利数量年代趋势，表 3.1 则显示了中国玉米分子育种专利技术详细分析的结果。从中可以看出，整体上各技术前期发展较缓慢，转基因技术、载体构建和分子标记辅助选择三个技术分支 2008 年之后才开始快速发展，尤其是 2015 年—2017 年的活跃度较高；杂种优势、基因编辑、单倍体育种三个技术分支 2013 年之后发展较快，尤其是 2015 年—2017 年的活跃度较高；基因组选择技术分支在 2017 年之前只有零星的专利申请，2017 年专利申请数量开始快速提升。

在中国申请的玉米分子育种技术专利中，转基因技术是拥有专利数量最多的技术，共有 948 项专利，最早的一项专利是由中国农业科学院生物技术研究所在 1999 年申请的，公开号为 CN1268572A，专利名称是“一种 5－烯醇丙酮酰－莽草酸－3－磷酸合成酶基因的合成方法”。中国转基因技术的研究起步较晚，从 1999 年开始有专利申请，此后一直缓慢发展，在 2002 年出现小幅增长，此后略有回落，从 2007 年开始进入快速发展期，在 2015 年达到第一个申请高峰（有 141 项专利申请）。转基因技术的主要研究机构有北京大北农科技集团股份有限公司（71 项）、中国农业大学（44 项）、中国农业科学院生物技术研究所（44 项）等，其中北京大北农科技集团股份有限公司的专利数量占该方向专利总量的 7.49%，远超其他研究机构。

专利数量排名第二的技术是载体构建，共有 458 项专利，从 2002 年开始有专利申请，其间多次经历专利数量上升、回落等发展阶段。该技术的主要研究机构有安徽省农业科学院（35 项）、中国科学院遗传与发育生物学研究所（20 项）、四川农业大学（18 项）等，其中安徽省农业科学院的专利数量占该方向专利总量的 7.64%。

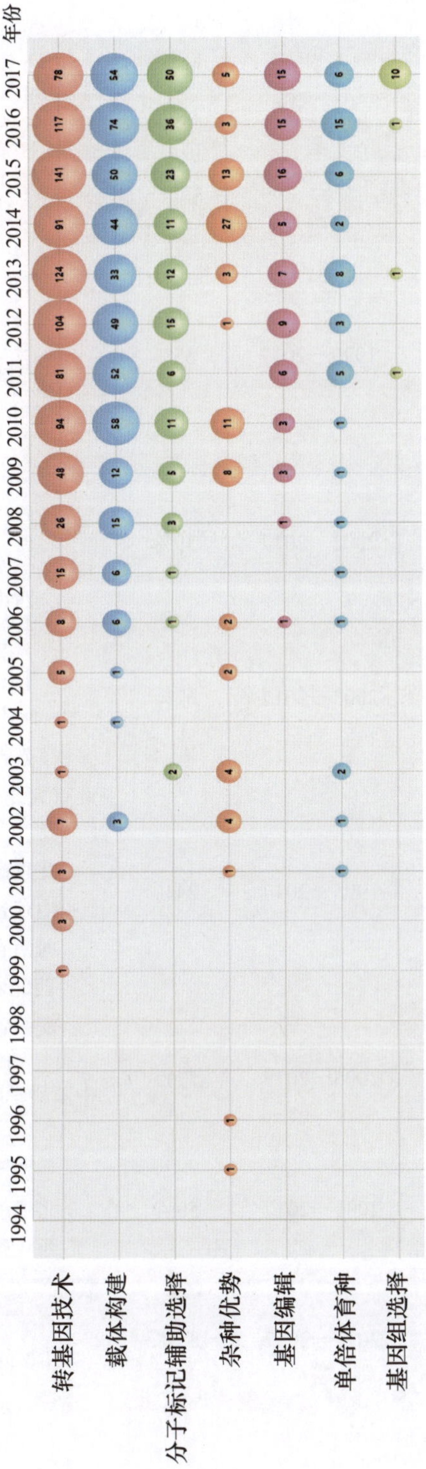
年份
1994
1995
1996
1997
1998
1999
2000
2001
2002
2003
2004
2005
2006
2007
2008
2009
2010
2011
2012
2013
2014
2015
2016
2017
转基因技术
载体构建
分子标记辅助选择
杂种优势
基因编辑
单倍体育种
基因组选择

图 3.4　中国玉米分子育种领域专利数量年代趋势（年代跨度：1995 年—2017 年）（单位：项）

表 3.1　中国玉米分子育种专利技术详细分析

排名	技术分类	专利数量（项）	年代跨度（年）	2015年—2017年专利数量占比	主要专利权人
1	转基因技术	948	1999—2017	35%	北京大北农科技集团股份有限公司 [71]; 中国农业大学 [44]; 中国农业科学院生物技术研究所 [44]
2	载体构建	458	2002—2017	39%	安徽省农业科学院 [35]; 中国科学院遗传与发育生物学研究所 [20]; 四川农业大学 [18]
3	分子标记辅助选择	176	2003—2017	62%	华中农业大学 [12]; 中国农业大学 [11]; 河南农业大学 [10]; 江苏省农业科学院 [10]
4	杂种优势	86	1995—2017	24%	北京大北农科技集团股份有限公司 [10]; 北京市农林科学院 [6]; 山东省农业科学院 [3]; 河南省农业科学院 [3]; 西北农林科技大学 [3]
5	基因编辑	81	2006—2017	57%	安徽省农业科学院 [8]; 山东大学 [8]; 中国科学院遗传与发育生物学研究所 [6]
6	单倍体育种	54	2001—2017	50%	中国农业大学 [13]; 北京市农林科学院 [5]; 广西壮族自治区研究所 [5]
7	基因组选择	13	2011—2017	85%	袁隆平农业高科技股份有限公司 [2]; 安徽省农业科学院等其他机构 [1]

专利数量排名第三的技术是分子标记辅助选择，共有 176 项专利，从 2003 年开始有专利申请，之后几年陆续有部分专利申请，一直到 2010 年出现一个小的申请高峰，专利数量为 11 项，随后申请数量小幅回落、小幅涨幅交替出现，直到 2015 年，专利申请数量才呈现持续快速增长的趋势，年均专利数量突破 20 项。该技术的主要研究机构有华中农业大学（12 项）、中国农业大学（11 项）、河南农业大学（10 项）、江苏省农业科学院（10 项）等，这几个机构的专利数量比较相近。

专利数量排名第四的技术是杂种优势，共有 86 项专利，是中国在玉米分子育种领域最早开始有专利申请的技术方向。该技术领域的第一项专利由河南省农业科学院粮食作物研究所在 1995 年申请，公开号为 CN1125038A，专利名称是“一种玉米杂交种的选育方法”。1996 年又有 1 项专利申请，1997 年—2000 年专利申请量为 0，从 2001 年开始陆续有部分专利申请，一直到 2010 年出现一个小的申请高峰，专利数量为 11 项，随后又出现小幅回落，直到 2014 年专利数量又呈现了一个小的申请高峰，有 27 项专利出现，随后专利数量又出现了小幅回落。该技术的主要研究机构有北京大北农科技集团股份有限公司（10 项）、北京市农林科学院（6 项）、山东省农业科学院（3 项）、河南省农业科学院（3 项）、西北农林科技大学（3 项）等，其中北京大北农科技集团股份有限公司的专利数量占该方向专利总量的 11.63%。

中国玉米分子育种领域中基因编辑技术相关专利产出较晚，于 2006 年开始有专利产出；单倍体育种 2001 年开始有专利申请；而基因组选择相关专利在 2011 年才有产出，且 2011 年、2013 年、2016 年分别只有 1 项专利申请，2017 年专利数量开始快速提升，年专利数量达到 10 项。

3.4 中国专利重要专利权人分析

3.4.1 主要专利权人的专利年代趋势

中国玉米分子育种主要专利权人分布如图 3.5 所示，TOP10 专利权人总共申请专利 538 项（去重后），专利数量占中国玉米分子育种专利总量的 30.43%。

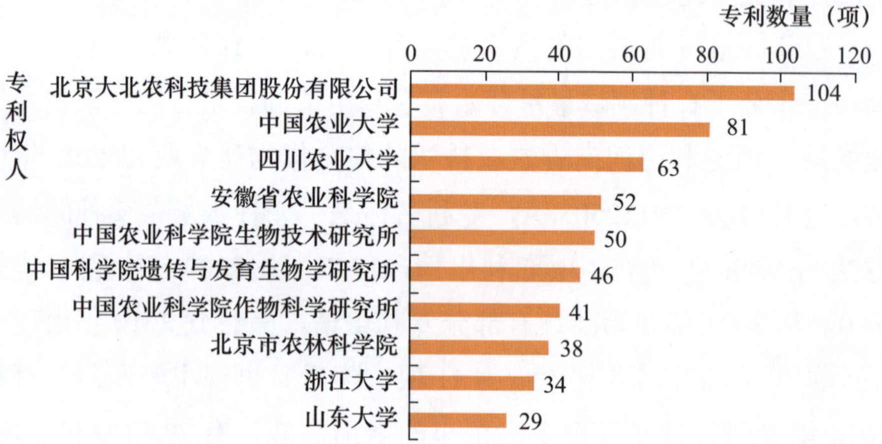
专利数量（项）
0
20
40
60
80
100
120
专利权人
北京大北农科技集团股份有限公司
104
中国农业大学
81
四川农业大学
63
安徽省农业科学院
52
中国农业科学院生物技术研究所
50
中国科学院遗传与发育生物学研究所
46
中国农业科学院作物科学研究所
41
北京市农林科学院
38
浙江大学
34
山东大学
29

图 3.5　中国玉米分子育种主要专利权人分布

其中，专利数量在 50 项以上的有北京大北农科技集团股份有限公司（104 项）、中国农业大学（81 项）、四川农业大学（63 项）、安徽省农业科学院（52 项）、中国农业科学院生物技术研究所（50 项）。

图 3.6 列出了中国玉米分子育种主要专利权人的专利数量年代趋势，表 3.2 则显示了中国主要专利权人活跃度情况。

北京大北农科技集团股份有限公司作为专利数量最多的机构，其专利数量占中国玉米分子育种专利总量的 5.88%。从图 3.6 和表 3.2

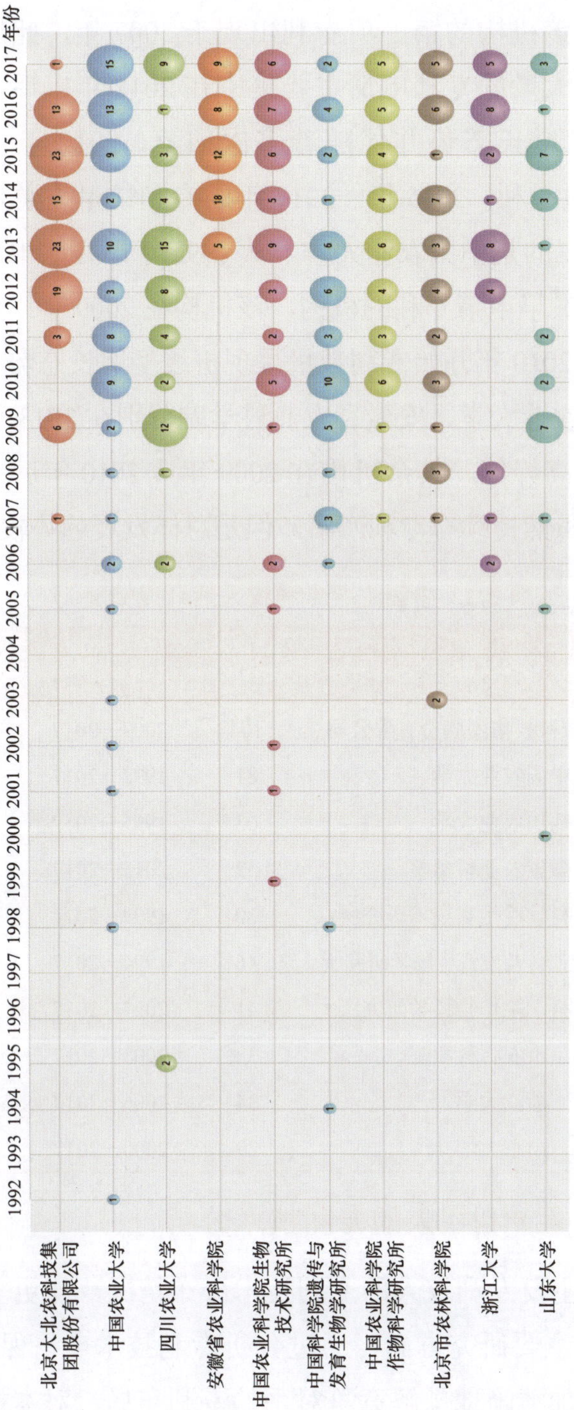
年份
1992
1993
1994
1995
1996
1997
1998
1999
2000
2001
2002
2003
2004
2005
2006
2007
2008
2009
2010
2011
2012
2013
2014
2015
2016
2017
北京大北农科技集团股份有限公司
中国农业大学
四川农业大学
安徽省农业科学院
中国农业科学院生物技术研究所
中国科学院遗传与发育生物学研究所
中国农业科学院作物科学研究所
北京市农林科学院
浙江大学
山东大学

图 3.6　中国玉米分子育种主要专利权人的专利数量年代趋势（年代跨度：1992 年—2017 年）（单位：项）

中可以看出，该机构的第一项专利出现于2007年，此后每年有少量专利产出，大量的专利申请主要集中在2012年以后，且专利数量呈现折线型增长态势并伴随着多次回落，2012年—2015年年均申请了20项专利，2015年—2017年的专利数量占总专利数量的36%。排名第二的是中国农业大学，从1992年即开始申请专利，是中国在该领域最早申请专利的机构，该机构在2009年以前只有零星专利申请，从2010年开始专利数量呈现折线型增长态势并伴随着多次回落。四川农业大学、安徽省农业科学院分别在2013年、2014年出现专利数量高峰值。其余机构在2009年或2010年后专利数量出现大的增长，虽然持续有专利产出，但是总体发展趋势较为缓慢。

表3.2　中国主要专利权人活跃度情况

排名	专利权人	专利数量（项）	年代跨度（年）	2015年—2017年专利数量占比
1	北京大北农科技集团股份有限公司	104	2007—2017	36%
2	中国农业大学	81	1992—2017	46%
3	四川农业大学	63	1995—2017	21%
4	安徽省农业科学院	52	2013—2017	56%
5	中国农业科学院生物技术研究所	50	1999—2017	38%
6	中国科学院遗传与发育生物学研究所	46	1994—2017	17%
7	中国农业科学院作物科学研究所	41	2007—2017	34%
8	北京市农林科学院	38	2003—2017	32%
9	浙江大学	34	2006—2017	44%
10	山东大学	29	2000—2017	38%

3.4.2　主要专利权人的专利技术分析

通过分析主要专利权人的专利技术分布情况，能更全面地了解各专利权人的主要研究方向，通过分析专利技术申请保护的国家/地区，能够更加清晰地了解竞争对手的专利布局，对本机构未来研究技术的方向和如何进行专利布局有所启示。同时，因为申请国际专利保护需要花费非常多的费用，这些专利一定是该机构相关技术的核心专利。

中国主要专利权利人的技术布局如图 3.7 所示，该图展示了中国 TOP10 专利权人的技术分类分布情况，表 3.3 则列出了中国主要专利权人技术详细分析结果。

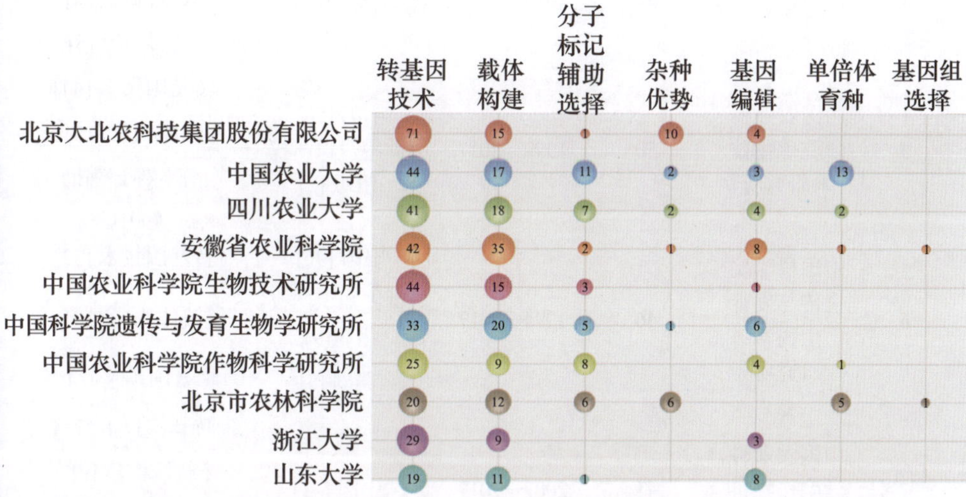
转基因技术
载体构建
分子标记辅助选择
杂种优势
基因编辑
单倍体育种
基因组选择
北京大北农科技集团股份有限公司
71
15
1
10
4
中国农业大学
44
17
11
2
3
13
四川农业大学
41
18
7
2
4
2
安徽省农业科学院
42
35
2
1
8
1
1
中国农业科学院生物技术研究所
44
15
3
1
中国科学院遗传与发育生物学研究所
33
20
5
1
6
中国农业科学院作物科学研究所
25
9
8
4
1
北京市农林科学院
20
12
6
6
5
1
浙江大学
29
9
3
山东大学
19
11
1
8

图 3.7　中国主要专利权利人的技术布局（单位：项）

表 3.3　中国主要专利权人技术详细分析

排名	专利权人	专利数量（项）	年代跨度（年）	主要流向国家/地区（件）	主要技术特长（项）
1	北京大北农科技集团股份有限公司	104	2007—2017	中国 [104]; 世界知识产权组织[26]; 阿根廷 [25]	转基因技术 [71]; 载体构建 [15]; 杂种优势 [10]
2	中国农业大学	81	1992—2017	中国 [81]; 世界知识产权组织 [5]	转基因技术 [44]; 载体构建 [17]; 单倍体育种 [13]

（续表）

排名	专利权人	专利数量（项）	年代跨度（年）	主要流向国家/地区（件）	主要技术特长（项）
3	四川农业大学	63	1995—2017	中国 [63]; 世界知识产权组织 [6]	转基因技术 [41]; 载体构建 [18]; 分子标记辅助选择 [7]
4	安徽省农业科学院	52	2013—2017	中国 [52]	转基因技术 [42]; 载体构建 [35]; 基因编辑 [8]
5	中国农业科学院生物技术研究所	50	1999—2017	中国 [50]; 世界知识产权组织 [2]	转基因技术 [44]; 载体构建 [15]; 分子标记辅助选择 [3]
6	中国科学院遗传与发育生物学研究所	46	1994—2017	中国 [46]; 世界知识产权组织[9]; 美国 [3]	转基因技术 [33]; 载体构建 [20]; 基因编辑 [6]
7	中国农业科学院作物科学研究所	41	2007—2017	中国 [41]	转基因技术 [25]; 载体构建 [9]; 分子标记辅助选择 [8]
8	北京市农林科学院	38	2003—2017	中国 [38]	转基因技术 [20]; 载体构建 [12]; 分子标记辅助选择 [6]; 杂种优势 [6]
9	浙江大学	34	2006—2017	中国 [34]	转基因技术 [29]; 载体构建 [9]; 基因编辑 [3]
10	山东大学	29	2000—2017	中国 [29]	转基因技术 [19]; 载体构建 [11]; 基因编辑 [8]

从表 3.3 中可以看出，中国玉米分子育种领域的主要研究机构申请的专利都涉及 3 个及以上的技术分布，其中 5 个机构进行了世界知识产权组织或其他国家 / 地区专利的申请，其他机构仅在中国申请了专利，说明中国机构已开始意识到全球知识产权保护的重要性，但重视程度不一。

北京大北农科技集团股份有限公司在转基因技术方向上专利数量最多，占其全部专利数量的 68%，说明这是其最主要的研究方向，此外，载体构建和杂种优势也是该机构所关注的重点。其中，有一项专利已经在 6 个国家（阿根廷、中国、巴西、加拿大、印度、美国）申请专利，该专利家族的中国公开号为 CN103013938，专利名称为“除草剂抗性蛋白质、其编码基因及用途”，申请日期为 2012 年 12 月 25 日；美国专利号为 US20140179534A1，专利名称为“ Herbicide-resistant proteins, encoding genes, and uses thereof”。且该专利在 incoPat 数据库中的合享价值度为最高分 10 分，在 Free Patents Online 网站上的专利评分也为最高分 1000 分。

中国农业大学也是在转基因技术方向专利数量最多，占其全部专利数量的 54%，说明这是其最主要的研究方向，其第二大技术方向是载体构建。该机构的一项重要专利于 2011 年 10 月 27 日首先在中国申请，公开号为 CN103088109，专利名称为“一种辅助鉴定玉米单倍体诱导系的方法及其专用引物”，2014 年 4 月 2 日授权，随后 2015 年独占许可北京中农大康科技开发有限公司使用（备案日期：2015 年 6 月 11 日）；该专利在 IncoPat 数据库中的合享价值度为最高分 10 分。该机构的另一项重要专利于 2010 年 10 月 24 日首先在中国申请，公开号为 CN102002101，专利名称为“与植物根系发育相关的蛋白 ZmNR1 及其编码基因”，2012 年 12 月 26 日授权，该专利在 incoPat 数据库中的合享价值度亦为 10 分。

3.4.3 北京大北农科技集团股份有限公司专利核心技术发展路线

经统计，北京大北农科技集团股份有限公司（以下简称大北农公司）在玉米分子育种领域共有专利家族 105 项，251 件专利。本书结合专利价值、专利被引频次和同族专利数量等多个因素，筛选出大北农公司在玉米分子育种领域的重要专利若干，并在重要专利的基础上，通过专利的前后引证关系绘制出专利技术路线图。图 3.8 为大北农公司玉米分子育种专利核心技术发展路线图，揭示了大北农公司在玉米分子育种领域的核心技术发展方向，图中所列只是部分重要专利，不能代表大北农公司的全部专利，红色文字代表失效专利。表 3.4 为大北农公司玉米分子育种领域重要专利信息。

图 3.8 中横轴代表时间轴，横轴方向专利按照时间排列，整体分为四个时间段。图中黄色小格代表大北农公司所有的专利，其他颜色代表其他专利权人的专利。箭头指向的方向，代表该专利被后续专利所引用。

大北农公司 2007 年才开始申请相关专利，公开号为 CN101081003A（一种玉米杂交制种的方法），但是大北农公司在 2010 年以前申请的专利大部分均已失效。大北农公司在 2012 年以后申请的专利较多，且专利之间互引较频繁。

在抗除草剂方面，大北农公司于 2012 年年底申请了一件专利，该专利于 2013 年公开，2014 年被授权，公开号为 CN103013938A，此专利在草甘膦抗性植物领域，开发了一种除草剂抗性蛋白质，保护植物不受除草剂伤害，控制草甘膦抗性杂草。之后，大北农公司在此专利的基础上陆续申请了多件重要专利，包括 9 件同族专利和 17 件施引专利。其中，2013 年—2015 年申请的 CN103740666A、

CN103740663A、CN104611307A 继续开展了除草剂抗性蛋白质编码基因及用途的研究；2016 年申请的三件专利 CN105746255A、CN105724140A、CN105724139A 分别公开了噻吩磺隆水解酶可以对苯磺隆除草剂、吡嘧磺隆除草剂、甲嘧磺隆除草剂表现出较高的耐受性，且含有编码噻吩磺隆水解酶核苷酸序列的植物分别对苯磺隆除草剂、吡嘧磺隆除草剂、甲嘧磺隆除草剂的耐受性强，至少可以耐受 1 倍大田浓度。

在抗虫方面，大北农公司于 2013 年申请了一件专利，该专利于 2014 年公开，2016 年被授权，公开号为 CN103718896A，此专利提供了一种控制大螟害虫的方法，将大螟害虫与 Cry1A 蛋白接触，通过植物体内产生能够杀死大螟的 Cry1A 蛋白来控制大螟害虫。之后，大北农公司在此专利的基础上陆续申请了多件重要专利，包括 3 件同族专利和 11 件施引专利。其中，2014 年申请的 CN104522056A 公开了一种杀虫蛋白的用途，通过植物体内产生能够杀死粟灰螟的 Cry1A 蛋白来控制粟灰螟害虫；同年申请的 CN104286014A 公开了一种杀虫蛋白的用途，通过转基因植物体内产生能够杀死大螟的 Cry2Ab 蛋白来控制大螟害虫；2015 年申请的 CN104621172A 公开了一种杀虫蛋白的用途，通过植物体内产生能够杀死斜纹夜蛾的 Cry2Ab 蛋白来控制斜纹夜蛾害虫。在抗虫方面，大北农公司还在 2012 年申请了专利 CN103039494A（控制害虫的方法，已失效）和 CN102972426A（控制害虫的方法），并在此基础上陆续申请了多件相关专利。

从专利被引用情况可以看出，CN103718896A 的技术起源可以追溯至大北农公司 2013 年申请的专利 CN103190316A（控制害虫的方法）和孟山都公司 2006 年申请的专利 CN101268094A（编码杀虫蛋白的核苷酸序列）；专利 CN103190316A 向上可以追溯至大北

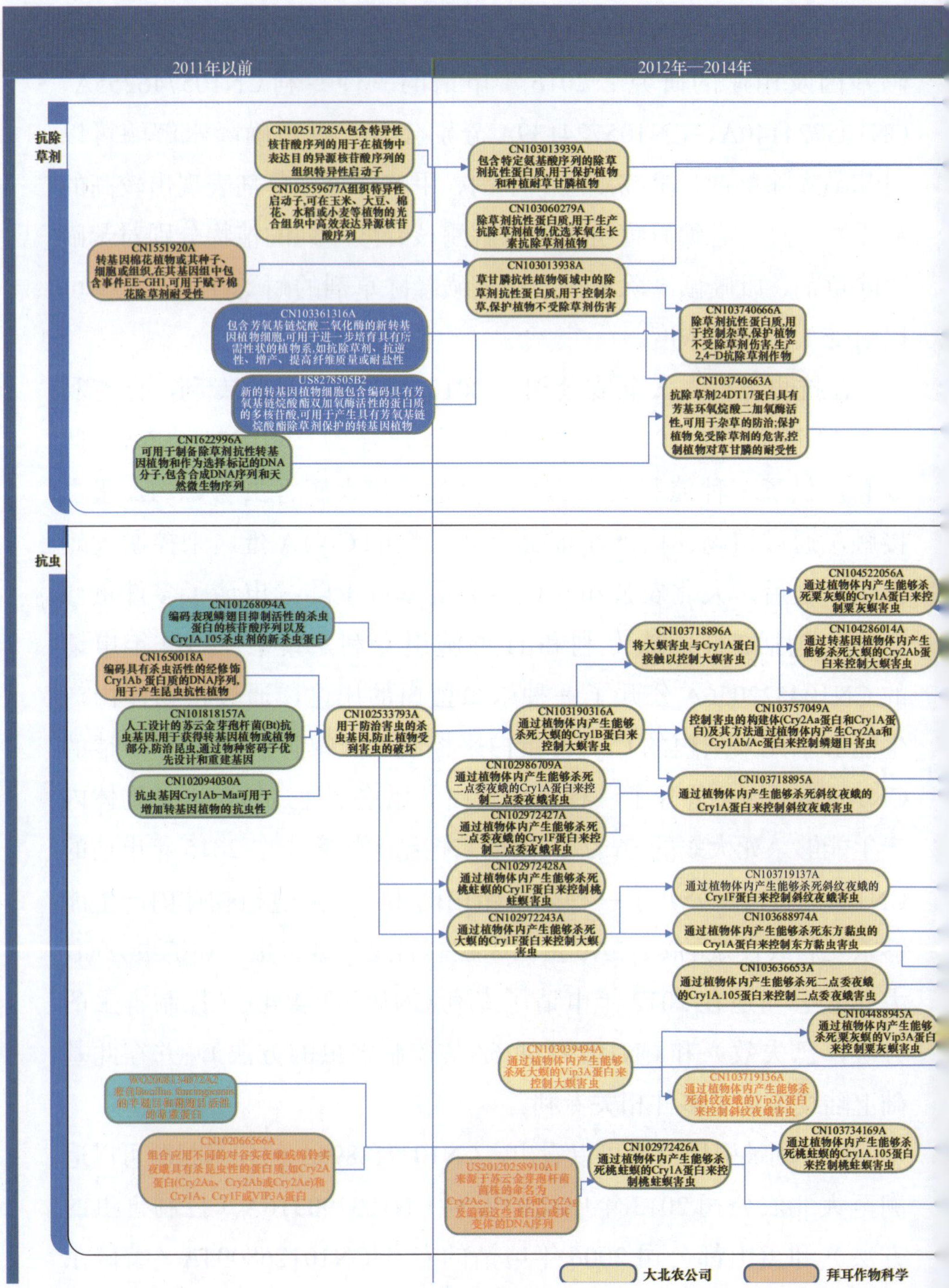

2011年以前
2012年—2014年
抗除草剂
CN102517285A包含特异性核苷酸序列的用于在植物中表达目的异源核苷酸序列的组织特异性启动子
CN102559677A组织特异性启动子,可在玉米、大豆、棉花、水稻或小麦等植物的光合组织中高效表达异源核苷酸序列
CN1551920A 转基因棉花植物或其种子、细胞或组织,在其基因组中包含事件EE-GH1,可用于赋予棉花除草剂耐受性
CN103361316A 包含芳氧基链烷酸二氧化酶的新转基因植物细胞,可用于进一步培育具有所需性状的植物系,如抗除草剂、抗逆性、增产、提高纤维质量或耐盐性
US8278505B2 新的转基因植物细胞包含编码具有芳氧基链烷酸酯双加氧酶活性的蛋白质的多核苷酸,可用于产生具有芳氧基链烷酸酯除草剂保护的转基因植物
CN1622996A 可用于制备除草剂抗性转基因植物和作为选择标记的DNA分子,包含合成DNA序列和天然微生物序列
CN103013939A 包含特定氨基酸序列的除草剂抗性蛋白质,用于保护植物和种植耐草甘膦植物
CN103060279A 除草剂抗性蛋白质,用于生产抗除草剂植物,优选苯氧生长素抗除草剂植物
CN103013938A 草甘膦抗性植物领域中的除草剂抗性蛋白质,用于控制杂草,保护植物不受除草剂伤害
CN103740666A 除草剂抗性蛋白质,用于控制杂草,保护植物不受除草剂伤害,生产2,4-D抗除草剂作物
CN103740663A 抗除草剂24DT17蛋白具有芳基环氧烷酸二加氧酶活性,可用于杂草的防治;保护植物免受除草剂的危害,控制植物对草甘膦的耐受性
抗虫
CN101268094A 编码表现鳞翅目抑制活性的杀虫蛋白的核苷酸序列以及Cry1A.105杀虫剂的新杀虫蛋白
CN1650018A 编码具有杀虫活性的经修饰Cry1Ab 蛋白质的DNA序列,用于产生昆虫抗性植物
CN101818157A 人工设计的苏云金芽孢杆菌(Bt)抗虫基因,用于获得转基因植物或植物部分,防治昆虫,通过物种密码子优先设计和重建基因
CN102094030A 抗虫基因Cry1Ab-Ma可用于增加转基因植物的抗虫性
CN102533793A 用于防治害虫的杀虫基因,防止植物受到害虫的破坏
CN103190316A 通过植物体内产生能够杀死大螟的Cry1B蛋白来控制大螟害虫
CN102986709A 通过植物体内产生能够杀死二点委夜蛾的Cry1A蛋白来控制二点委夜蛾害虫
CN102972427A 通过植物体内产生能够杀死二点委夜蛾的Cry1F蛋白来控制二点委夜蛾害虫
CN102972428A 通过植物体内产生能够杀死桃蛀螟的Cry1F蛋白来控制桃蛀螟害虫
CN102972243A 通过植物体内产生能够杀死大螟的Cry1F蛋白来控制大螟害虫
CN103718896A 将大螟害虫与Cry1A蛋白接触以控制大螟害虫
CN104522056A 通过植物体内产生能够杀死粟灰螟的Cry1A蛋白来控制粟灰螟害虫
CN104286014A 通过转基因植物体内产生能够杀死大螟的Cry2Ab蛋白来控制大螟害虫
CN103757049A 控制害虫的构建体(Cry2Aa蛋白和Cry1A蛋白)及其方法通过植物体内产生Cry2Aa和Cry1Ab/Ac蛋白来控制鳞翅目害虫
CN103718895A 通过植物体内产生能够杀死斜纹夜蛾的Cry1A蛋白来控制斜纹夜蛾害虫
CN103719137A 通过植物体内产生能够杀死斜纹夜蛾的Cry1F蛋白来控制斜纹夜蛾害虫
CN103688974A 通过植物体内产生能够杀死东方黏虫的Cry1A蛋白来控制东方黏虫害虫
CN103636653A 通过植物体内产生能够杀死二点委夜蛾的Cry1A.105蛋白来控制二点委夜蛾害虫
CN104488945A 通过植物体内产生能够杀死粟灰螟的Vip3A蛋白来控制粟灰螟害虫
CN103039494A 通过植物体内产生能够杀死大螟的Vip3A蛋白来控制大螟害虫
CN103719136A 通过植物体内产生能够杀死斜纹夜蛾的Vip3A蛋白来控制斜纹夜蛾害虫
CN102066566A 组合应用不同的对谷实夜蛾或棉铃实夜蛾具有杀昆虫性的蛋白质,如Cry2A蛋白(Cry2Aa、Cry2Ab或Cry2Ae)和Cry1A、Cry1F或VIP3A蛋白
US20120258910A1 来源于苏云金芽孢杆菌菌株的命名为Cry2Ae、Cry2Af和Cry2Ag及编码这些蛋白质或其变体的DNA序列
CN102972426A 通过植物体内产生能够杀死桃蛀螟的Cry1A蛋白来控制桃蛀螟害虫
CN103734169A 通过植物体内产生能够杀死桃蛀螟的Cry1A.105蛋白来控制桃蛀螟害虫
大北农公司
拜耳作物科学

图 3.8 大北农公司玉米分子育

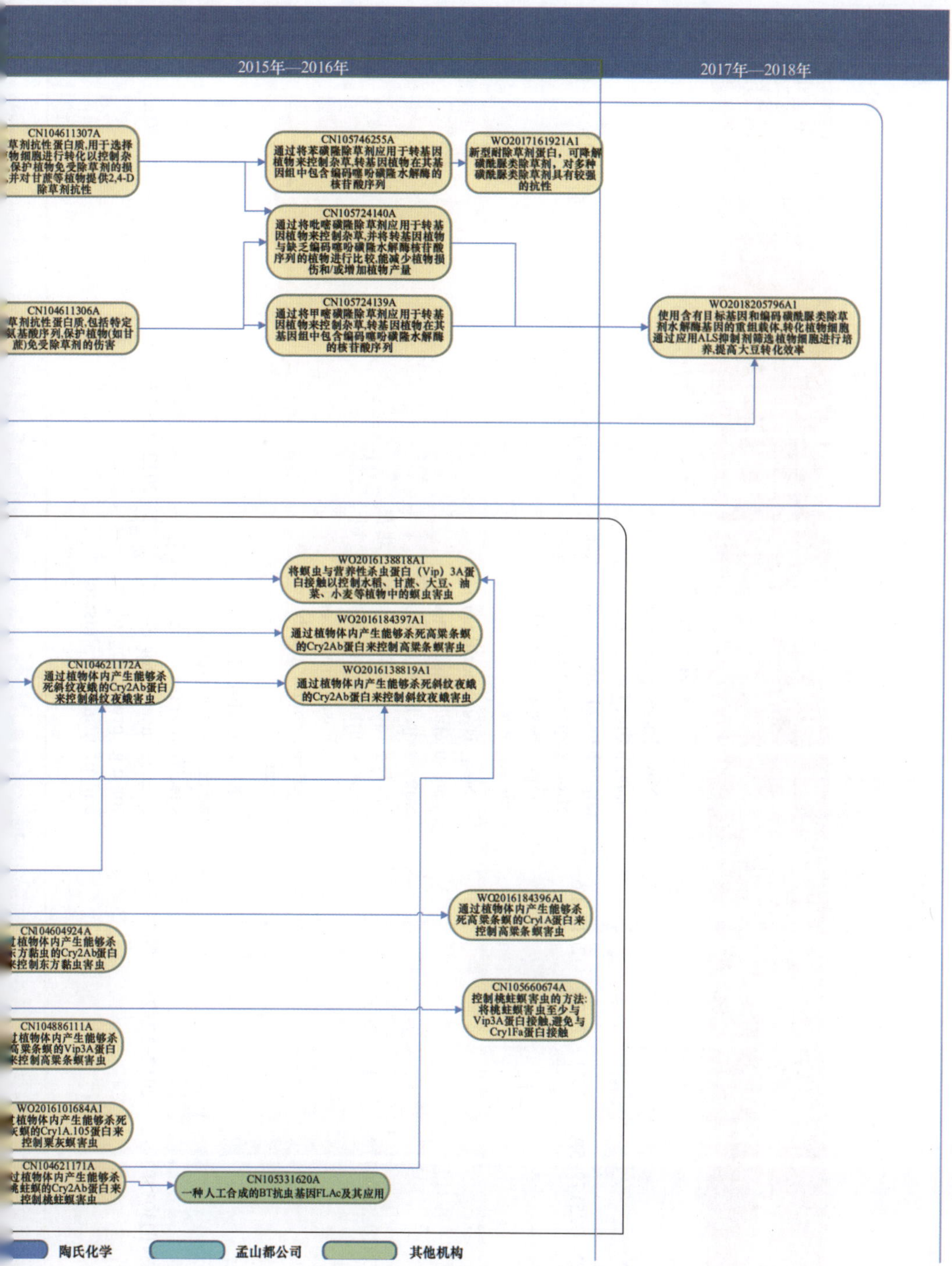
2015年—2016年
2017年—2018年
CN104611307A
草剂抗性蛋白质,用于选择
物细胞进行转化以控制杂
保护植物免受除草剂的损
并对甘蔗等植物提供2,4-D
除草剂抗性
CN105746255A
通过将苯磺隆除草剂应用于转基因植物来控制杂草,转基因植物在其基因组中包含编码噻吩磺隆水解酶的核苷酸序列
WO2017161921A1
新型耐除草剂蛋白，可降解磺酰脲类除草剂，对多种磺酰脲类除草剂具有较强的抗性
CN105724140A
通过将吡嘧磺隆除草剂应用于转基因植物来控制杂草,并将转基因植物与缺乏编码噻吩磺隆水解酶核苷酸序列的植物进行比较,能减少植物损伤和/或增加植物产量
CN104611306A
草剂抗性蛋白质,包括特定
氨基酸序列,保护植物(如甘
蔗)免受除草剂的伤害
CN105724139A
通过将甲嘧磺隆除草剂应用于转基因植物来控制杂草,转基因植物在其基因组中包含编码噻吩磺隆水解酶的核苷酸序列
WO2018205796A1
使用含有目标基因和编码磺酰脲类除草剂水解酶基因的重组载体,转化植物细胞通过应用ALS抑制剂筛选植物细胞进行培养,提高大豆转化效率
WO2016138818A1
将螟虫与营养性杀虫蛋白（Vip）3A蛋白接触以控制水稻、甘蔗、大豆、油菜、小麦等植物中的螟虫害虫
WO2016184397A1
通过植物体内产生能够杀死高粱条螟的Cry2Ab蛋白来控制高粱条螟害虫
CN104621172A
通过植物体内产生能够杀死斜纹夜蛾的Cry2Ab蛋白来控制斜纹夜蛾害虫
WO2016138819A1
通过植物体内产生能够杀死斜纹夜蛾的Cry2Ab蛋白来控制斜纹夜蛾害虫
WO2016184396A1
通过植物体内产生能够杀死高粱条螟的Cryl A蛋白来控制高粱条螟害虫
CN104604924A
过植物体内产生能够杀
东方黏虫的Cry2Ab蛋白
来控制东方黏虫害虫
CN105660674A
控制桃蛀螟害虫的方法:将桃蛀螟害虫至少与Vip3A蛋白接触,避免与Cry1Fa蛋白接触
CN104886111A
过植物体内产生能够杀
高粱条螟的Vip3A蛋白
来控制高粱条螟害虫
WO2016101684A1
过植物体内产生能够杀死
灰螟的Cry1A.105蛋白来
控制粟灰螟害虫
CN104621171A
过植物体内产生能够杀
桃蛀螟的Cry2Ab蛋白来
控制桃蛀螟害虫
CN105331620A
一种人工合成的BT抗虫基因FLAc及其应用
陶氏化学
孟山都公司
其他机构

心技术发展路线图

表 3.4 大北农公司玉米分子育种领域重要专利信息

专利公开号	申请日期	公开日期	DWPI 标题	原始专利权人	最早优先权日期	施引专利数量（件）	同族专利成员数量（件）	法律状态	预估的截止日期
抗除草剂									
CN102517285A	2011–12–23	2012–06–27	New tissue-specific promoter useful for expresing target heterologous nucleotide sequence in plant, comprises specific nucleotide sequence	大北农公司	2011–12–23	5	2	有效	2031–12–23
CN102559677A	2011–12–23	2012–07–11	New tissue specific promoter useful for superiorly expressing heterogeneous nucleotide sequence in photosynthetic tissue of plants chosen from corn, soybean, cotton, paddy or wheat	大北农公司	2011–12–23	4	2	有效	2031–12–23
CN103013939A	2012–12–25	2013–04–03	New herbicide resistance protein comprising specified amino acid sequence, useful for useful for e.g. protecting plant and planting glyphosate tolerance	大北农公司	2012–12–25	6	2	有效	2032–12–25

（续表）

专利公开号	申请日期	公开日期	DWPI 标题	原始专利权人	最早优先权日期	施引专利数量（件）	同族专利成员数量（件）	法律状态	预估的截止日期
抗除草剂									
CN103060279A	2012-12-25	2013-04-24	New herbicide resistant protein, useful in producing herbicide resistant plant, preferably phenoxy auxin herbicide resistant plant	大北农公司	2012-12-25	7	8	有效	2032-12-25
CN103013938A	2012-12-25	2013-04-03	New herbicide resistant protein useful for controlling weeds, protecting a plant from herbicide damage, and controlling glyphosate resistant weeds in glyphosate tolerance plant field	大北农公司	2012-12-25	17	10	有效	2032-12-25
CN103740666A	2013-12-26	2014-04-23	New herbicide resistance protein useful for controlling weeds, protecting plants from herbicide damage, controlling glyphosate-tolerant plants in the field of glyphosate-resistant weeds, and producing 2,4-D herbicide resistant crops	大北农公司	2013-12-26	4	2	有效	2033-12-26

（续表）

专利公开号	申请日期	公开日期	DWPI 标题	原始专利权人	最早优先权日期	施引专利数量（件）	同族专利成员数量（件）	法律状态	预估的截止日期
抗除草剂									
CN103740663A	2013-12-24	2014-04-23	New herbicide resistance 24DT17 protein having aryloxyalkanoate dioxygenase activity, useful for controlling weeds; for protecting plants from damaged caused by herbicide, and for controlling glyphosate tolerance in plant	大北农公司	2013-12-24	2	2	有效	2033-12-24
CN104611307A	2015-02-13	2015-05-13	New herbicide resistance protein used for selecting plant cell for transformation for controlling weeds, protecting plant from damage caused by herbicide, and providing 2,4-D herbicide resistance to plants e.g. sugarcane	大北农公司	2015-02-13	8	13	有效	2035-02-13

（续表）

专利公开号	申请日期	公开日期	DWPI 标题	原始专利权人	最早优先权日期	施引专利数量（件）	同族专利成员数量（件）	法律状态	预估的截止日期
抗除草剂									
CN104611306A	2015–02–13	2015–05–13	New herbicide-resistant protein useful for controlling herbicide resistance in plant, and weeds, and protecting plant e.g. sugarcane from damage caused by herbicide, comprises specific amino acid sequence	大北农公司	2015–02–13	4	10	有效	—
CN105746255A	2016–03–22	2016–07–13	Controlling weeds involve applying effective dose of tribenuron herbicides to transgenic plant in growth environment, where transgenic plant encodes nucleotide sequence of thiophene metsulfuron hydrolase in its genome	大北农公司	2016–03–22	3	10	有效	2036–03–22

（续表）

专利公开号	申请日期	公开日期	DWPI 标题	原始专利权人	最早优先权日期	施引专利数量（件）	同族专利成员数量（件）	法律状态	预估的截止日期
抗除草剂									
CN105724140A	2016-03-22	2016-07-06	Controlling weeds by applying pyrazosulfuron herbicide to transgenic plant, and comparing transgenic plant with plant lacking thifensulfuron hydrolase nucleotide sequence, reduced plant damage and/or increased plant yield	大北农公司	2016-03-22	3	2	有效	2036-03-22
CN105724139A	2016-03-22	2016-07-06	Controlling weed by degrading thifensulfuron hydrolase, involves applying effective dose of sulfometuron methyl herbicides on transgenic plant encoding thifensulfuron hydrolase in its genome	大北农公司	2016-03-22	3	5	有效	2036-03-22

（续表）

专利公开号	申请日期	公开日期	DWPI 标题	原始专利权人	最早优先权日期	施引专利数量（件）	同族专利成员数量（件）	法律状态	预估的截止日期
抗除草剂									
WO2017161921A1	2016-12-09	2017-09-28	New herbicide-tolerant protein useful for degrading sulfonylurea herbicide and exhibit high resistance to various sulfonylurea herbicides	大北农公司	2016-03-22	0	9	有效	—
WO2018205796A1	2018-04-13	2018-11-15	Selecting transformed plant cells, by transforming recombinant vector containing target gene and gene encoding sulfonylurea herbicide hydrolase to plant cell, culturing by applying acetolactate synthase inhibitor and selecting plant cells	大北农公司	2017-05-09	0	2	有效	—
CN1551920A	2002-07-19	2004-12-01	New transgenic cotton plant or its seed, cell or tissue, comprising event EE-GH1 in its genome, useful for conferring herbicide tolerance to cotton plants	拜耳作物科学	2001-08-06	7	27	有效	2022-07-19

（续表）

专利公开号	申请日期	公开日期	DWPI 标题	原始专利权人	最早优先权日期	施引专利数量（件）	同族专利成员数量（件）	法律状态	预估的截止日期
抗除草剂									
CN103361316A	2006-10-27	2013-10-23	New transgenic plant cell comprising Aryloxy-Alkanoate Dioxygease, useful for developing further plant lines with desired traits, e.g. herbicide resistance, stress tolerance, increased yield, improved fiber quality, or salt tolerance	陶氏化学	2005-10-28	11	57	有效	2026-10-27
US8278505B2	2009-11-09	2012-10-02	New transgenic plant cell comprises a polynucleotide that encodes a protein having aryloxyalkanoate dioxygenase activity, useful for producing transgenic plants having protection from an aryloxyalkanoate herbicide	陶氏化学	2007-05-09	12	27	有效	2029-04-11

（续表）

专利公开号	申请日期	公开日期	DWPI 标题	原始专利权人	最早优先权日期	施引专利数量（件）	同族专利成员数量（件）	法律状态	预估的截止日期
抗除草剂									
CN1622996A	2002-10-24	2005-06-01	Novel DNA molecule useful to prepare herbicide-resistant transgenic plants and as selection marker, comprises a synthetic DNA sequence and a natural microbial sequence	美国农业部	2001-10-24	2	7	失效	2007-03-07
抗虫									
CN102533793A	2011-12-23	2012-07-04	New insecticidal gene useful for controlling insect pest, and preventing the plant from damage caused by pest	大北农公司	2011-12-23	6	2	有效	2031-12-23
CN103190316A	2013-02-25	2013-07-10	Controlling Sesamia inferens pest comprises contacting the pink borer pests with cryptochrome 1b protein	大北农公司	2013-02-25	8	8	有效	2033-02-25

（续表）

专利公开号	申请日期	公开日期	DWPI 标题	原始专利权人	最早优先权日期	施引专利数量（件）	同族专利成员数量（件）	法律状态	预估的截止日期
抗虫									
CN103718896A	2013-11-18	2014-04-16	Controlling pink rice borer comprises contacting pink rice borer pest with Cry1A protein	大北农公司	2013-11-18	14	4	有效	2033-11-18
CN104522056A	2014-12-22	2015-04-22	Controlling growth of emerald ash borer pests used for controlling growth of emerald ash borer in poppy seed, plants, involves injecting insecticidal protein Cry1A protein into the body of emerald ash borer pests	大北农公司	2014-12-22	4	3	有效	2034-12-22
CN104286014A	2014-08-27	2015-01-21	Controlling rice stem borer, involves contacting rice stem borer and crystal 2Ab protein	大北农公司	2014-08-27	3	3	有效	2034-08-27

（续表）

专利公开号	申请日期	公开日期	DWPI 标题	原始专利权人	最早优先权日期	施引专利数量（件）	同族专利成员数量（件）	法律状态	预估的截止日期
抗虫									
CN103757049A	2013-12-24	2014-04-30	Construct used for controlling pest in plant, comprises Cry2Aa protein and CrylA protein, where pest is Lepidoptera and plant is selected from corn, rice, sorghum, wheat, millet, cotton, reed, sugarcane, horse bean or rape	大北农公司	2013-12-24	4	2	有效	2033-12-24
CN103718895A	2013-11-18	2014-04-16	Controlling Spodoptera litura pests comprises contacting Spodoptera litura pests with Cry1A protein	大北农公司	2013-11-18	10	4	有效	2033-11-18
CN102986709A	2012-12-03	2013-03-27	Controlling Athetis lepigone in plants preferably corn, involves contacting Athetis lepigone pest with crystal protein 1A	大北农公司	2012-12-03	9	5	有效	2032-12-03
CN102972427A	2012-12-11	2013-03-20	Controlling two-point committee noctuid pests by contacting noctuid pests with Cry1F protein	大北农公司	2012-12-11	7	5	有效	2032-12-11

（续表）

专利公开号	申请日期	公开日期	DWPI 标题	原始专利权人	最早优先权日期	施引专利数量（件）	同族专利成员数量（件）	法律状态	预估的截止日期
抗虫									
CN102972428A	2012-12-11	2013-03-20	Controlling peach trunk borer pest plant e.g. maize, involves contacting peach trunk borer pest with crystal 1F protein	大北农公司	2012-12-11	2	5	有效	2032-12-11
CN102972243A	2012-12-11	2013-03-20	Controlling Sesamia inferens pests comprises contacting Sesamia inferens pests with an insecticidal crystal protein-1F protein	大北农公司	2012-12-11	12	9	有效	2032-12-11
CN103719137A	2013-11-15	2014-04-16	Controlling pest, preferably Spodoptera litura by suppressing double strand RNA in target pest, by contacting pest with Cry-1F protein	大北农公司	2013-11-15	6	11	有效	2033-11-15
CN103688974A	2013-12-12	2014-04-02	Controlling method of oriental armyworm insect pest on plant such as maize, wheat and barley involves contacting oriental armyworm insect pest with Cry1A protein	大北农公司	2013-11-11	8	4	有效	2033-12-12

（续表）

专利公开号	申请日期	公开日期	DWPI 标题	原始专利权人	最早优先权日期	施引专利数量（件）	同族专利成员数量（件）	法律状态	预估的截止日期
抗虫									
CN103636653A	2013-11-21	2014-03-19	Controlling method of Spodoptera exigua pests involves contacting Spodoptera exigua pests with Cry1A.105 protein	大北农公司	2013-11-21	5	2	有效	2033-11-21
CN104621172A	2015-03-04	2015-05-20	Controlling Sprodenia litura pests comprises enabling the Sprodenia litura pests to contact with Cry2Ab protein	大北农公司	2015-03-04	4	5	有效	2035-03-04
CN104604924A	2015-01-21	2015-05-13	Controlling Mythimna separata pests useful for producing transgenic plant e.g. corn, soybean, rice and wheat, involves contacting Mythimna separata pests with pesticidal crystal protein (Cry)2Ab protein	大北农公司	2015-01-21	1	2	有效	2035-01-21

（续表）

专利公开号	申请日期	公开日期	DWPI 标题	原始专利权人	最早优先权日期	施引专利数量（件）	同族专利成员数量（件）	法律状态	预估的截止日期
			抗虫						
WO2016138818A1	2016-02-18	2016-09-09	Controlling stem borer pests in plants including rice, sugarcane, soybean, canola, wheat, millet, and grass, involves contacting stem borer pest with vegetative insecticidal protein (Vip) 3A protein	大北农公司	2015-03-04	0	6	有效	—
WO2016184397A1	2016-05-19	2016-11-24	Controlling sorghum borer pests involves contacting sorghum borer pest with Cry2Ab protein	大北农公司	2015-05-20	0	4	有效	—
WO2016138819A1	2016-02-18	2016-09-09	Controlling Sprodenia litura pests comprises enabling the Sprodenia litura pests to contact with Cry2Ab protein	大北农公司	2015-03-04	0	5	有效	—
WO2016184396A1	2016-05-19	2016-11-24	Controlling Sorghum stem borer, involves contacting Sorghum stem borer with at least cryptochrome 1A protein	大北农公司	2015-05-20	0	3	有效	—

（续表）

专利公开号	申请日期	公开日期	DWPI 标题	原始专利权人	最早优先权日期	施引专利数量（件）	同族专利成员数量（件）	法律状态	预估的截止日期
抗虫									
CN101268094A	2006-08-30	2008-09-17	New nucleotide sequence encodes an insecticidal protein, useful in controlling lepidopteran insect infestation of a plant	孟山都公司	2005-08-31	13	38	有效	2026-08-30
CN1650018A	2003-04-29	2005-08-03	New DNA sequence encoding a modified Cry1Ab protein, useful in conferring resistance against insect pests in plants	拜耳作物科学	2002-05-03	3	19	有效	2023-04-29
CN101818157A	2009-12-02	2010-09-01	New artificially designed Bacillus thuringiensis (Bt) anti-insect gene, useful for obtaining transgenic plant or plant part, preventing and controlling insect, and designing and reconstructing gene by preference of species codon	安徽省农业科学院水稻研究所	2009-12-02	12	2	有效	2029-12-02

（续表）

专利公开号	申请日期	公开日期	DWPI 标题	原始专利权人	最早优先权日期	施引专利数量（件）	同族专利成员数量（件）	法律状态	预估的截止日期
抗虫									
CN102094030A	2010-11-30	2011-06-15	New insect resistant gene Cry1Ab-Ma useful for increasing insect resistance of transgenic plant	中国农业科学院作物科学研究所 / 河南省农业科学院	2010-11-30	5	2	有效	2030-11-30
CN103039494A	2012-12-05	2013-04-17	Controlling pests comprises contacting pink rice borer pest with Vip3A protein	大北农公司	2012-12-05	11	6	失效	2013-11-06
CN104488945A	2014-12-22	2015-04-08	Controlling Chilotraea infuscatellus involves feeding Vip3A protein to Chilotraea infuscatellus	大北农公司	2014-12-22	5	3	有效	2034-12-22
CN103719136A	2013-11-15	2014-04-16	Controlling Spodoptera litura pests comprises contacting Spodoptera litura pests with vegetative insecticidal protein	大北农公司	2013-11-15	5	7	失效	2018-06-08

（续表）

专利公开号	申请日期	公开日期	DWPI 标题	原始专利权人	最早优先权日期	施引专利数量（件）	同族专利成员数量（件）	法律状态	预估的截止日期
抗虫									
CN104886111A	2015-05-20	2015-09-09	Controlling borer pest in Sorghum strip by expressing vegetative insecticidal gene 3A protein	大北农公司	2015-05-20	4	4	有效	2035-05-20
CN105660674A	2016-01-04	2016-06-15	Controlling Dichocrocis punctiferalis pests comprises contacting Dichocrocis punctiferalis with Vip3A protein, where the contact of the pest with Cry1Fa protein is avoided	大北农公司	2016-01-04	0	2	有效	2036-01-04
CN102972426A	2012-12-03	2013-03-20	Controlling Conogethes punctiferalis pests in plant such as maize, sorghum and sunflower, comprises contacting Conogethes punctiferalis pests with cryptochrome-1A protein	大北农公司	2012-12-03	10	6	有效	2032-12-03
CN103734169A	2013-11-21	2014-04-23	Environmentally-friendly method for controlling peach tree borer, involves using Cry1A.105 protein	大北农公司	2013-11-21	4	2	有效	2033-11-21

（续表）

专利公开号	申请日期	公开日期	DWPI 标题	原始专利权人	最早优先权日期	施引专利数量（件）	同族专利成员数量（件）	法律状态	预估的截止日期
抗虫									
WO2016101684A1	2015-10-15	2016-06-30	Controlling growth of emerald ash borer pests involves injecting Cry insecticidal protein into body of emerald ash borer pests	大北农公司	2014-12-22	0	3	有效	—
CN104621171A	2015-01-30	2015-05-20	Controlling Dichocrocis punctiferalis pest, involves contacting Dichocrocis punctiferalis pest with Cry2Ab protein	大北农公司	2015-01-30	2	2	有效	2035-01-30
WO2008134072A2	2008-04-25	2008-11-06	New isolated polynucleotide which encodes a TIC807 insect inhibitory protein or an insect inhibitory protein fragment derived from it, useful for controlling an insect pest and protecting a plant from Lygus infestation	孟山都公司	2007-04-27	21	21	失效	—

（续表）

专利公开号	申请日期	公开日期	DWPI 标题	原始专利权人	最早优先权日期	施引专利数量（件）	同族专利成员数量（件）	法律状态	预估的截止日期
抗虫									
CN102066566A	2009-04-16	2011-05-18	Preventing or delaying insect resistance development in populations of the insect species Helicoverpa zea or Helicoverpa armigera to transgenic plants expressing insecticidal proteins to control the insect pest	拜耳作物科学	2008-06-13	10	8	失效	2013-03-20
US20120258910A1	2012-05-07	2012-10-11	Controlling insects, e.g. Helicoverpa armigera, Anticarsia gemmatalis or Sesamia inferens, comprises applying an insecticidal protein to an area or plant to be protected	拜耳作物科学	2001-01-09	4	1	失效	2016-03-14
CN105331620A	2015-11-04	2016-02-17	Insect-resistant synthetic BT gene FLAc has recombinant vector used to cultivate insect-resistant transgenic plants has two thousand five hundred and fifty eight nucleotides by substitution, deletion and addition of nucleotides in DNA	吉林省农业科学院	2015-11-04	0	1	有效	—

农公司2011年申请的专利CN102533793A（杀虫基因及其用途）；专利CN102533793A继续向上可以追溯至拜尔作物科学2003年申请的专利CN1650018A（昆虫抗性植物及产生该植物的方法）、安徽省农业科学院水稻研究所2009年申请的专利CN101818157A（一种人工设计的Bt抗虫基因及其应用）和中国农业科学院作物科学研究所/河南省农业科学院2010年申请的专利CN102094030A（编码杀虫蛋白基因Cry1Ab-Ma、其表达载体及应用）。

大北农公司在专利CN103190316A的基础上陆续申请了专利CN103718895A（控制害虫的方法）、CN103757049A（控制害虫的构建体及其方法）；之后，在专利CN103718895A的基础上又申请了专利WO2016138819A1（Uses of Insecticidal Protein）、CN104522056A。此外，大北农公司在专利CN102533793A的基础上陆续申请了专利CN102972428A（控制害虫的方法）、CN102972243A（控制害虫的方法）；之后，在专利CN102972243A的基础上又申请了专利CN103719137A（控制害虫的方法）、CN103688974A（控制害虫的方法）。

综上所述，大北农公司从2007年申请第一件专利至今，每年都有少量专利产出，大量的专利申请主要集中在2012年以后；这些重要专利主要涉及采用转基因技术对抗除草剂和抗虫玉米进行研发，而且这些专利的布局范围相对广泛，尤其是2014年及以后在全球（世界知识产权组织、美国、阿根廷、巴西、印度、越南等）进行了布局，有的申请了多件同族专利，有的则被引频次较高，说明大北农公司开始注重其全球战略布局，以寻求在其他国家/地区的玉米分子育种领域的相关知识产权保护。

第 4 章

玉米分子育种全球技术研发竞争力分析

本章对比了 2008 年—2017 年全球各国家 / 地区及主要专利权人在玉米分子育种领域的专利申请、布局、运营等情况，对各国家 / 地区及主要专利权人在该领域的研发实力进行了量化分析，从中找出中国与全球在该技术整体发展上可能存在的差异和距离，进而对中国在该领域未来的发展方向及在全球的布局、定位给予提示和参考。

4.1 全球主要国家 / 地区技术研发竞争力对比分析

4.1.1 全球玉米分子育种专利产出趋势

图 4.1 为 2008 年—2017 年全球和中国玉米分子育种专利数量年代趋势对比，2008 年—2017 年全球该领域的专利数量为 4431 项，其中最早优先权国为中国的专利 1640 项。从图 4.1 中可以看出，中国在玉米分子育种领域的研究起步晚于全球，2010 年以前的专利数量较全球总体数量低。2013 年后，全球相关专利数量逐渐减少，而中国在 2010 年后专利数量年代趋势总体保持上扬状态。

表 4.1 和图 4.2 分别展示了 2008 年—2017 年全球玉米分子育种专利主要来源国家 / 地区分布数据，以及玉米分子育种专利 TOP5 来源国家 / 地区专利数量年代趋势。专利数量排名前五的分别是美

国（2144 项）、中国（1640 项）、欧洲（223 项）、韩国（128 项）、世界知识产权组织（83 项），中国和美国是从事该领域研究的主要国家。2013 年后，美国专利数量开始下降，而中国则一直保持着上升的态势，2015 年后中国在该领域的专利数量超过美国，排名第一。

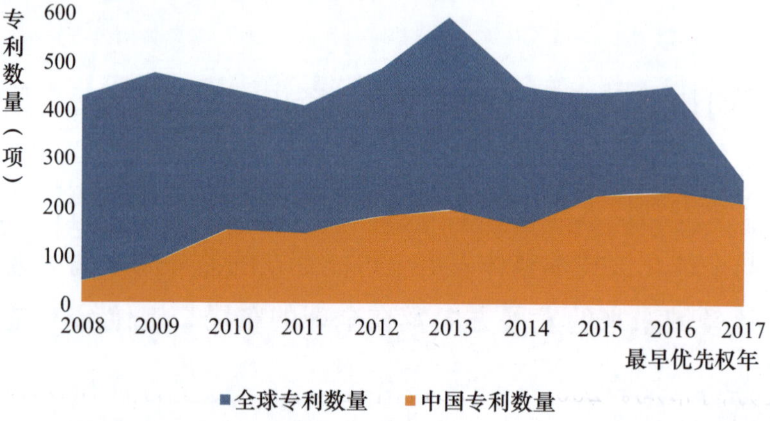
专利数量（项）
600
500
400
300
200
100
0
2008
2009
2010
2011
2012
2013
2014
2015
2016
2017
最早优先权年
全球专利数量
中国专利数量

图 4.1　2008 年—2017 年全球和中国玉米分子育种专利数量年代趋势对比

表 4.1　2008 年—2017 年全球玉米分子育种专利主要来源国家 / 地区分布数据

国家/地区	美国	中国	欧洲	韩国	世界知识产权组织	日本	英国	澳大利亚	巴西
专利数量（项）	2144	1640	223	128	83	45	38	23	21
国家/地区	印度	德国	西班牙	加拿大	法国	墨西哥	意大利	瑞典	荷兰
专利数量（项）	20	13	11	7	7	5	3	3	3
国家/地区	马来西亚	丹麦	俄罗斯	南非	乌兹别克斯坦	冰岛	匈牙利	奥地利	新西兰
专利数量（项）	3	2	2	2	1	1	1	1	1

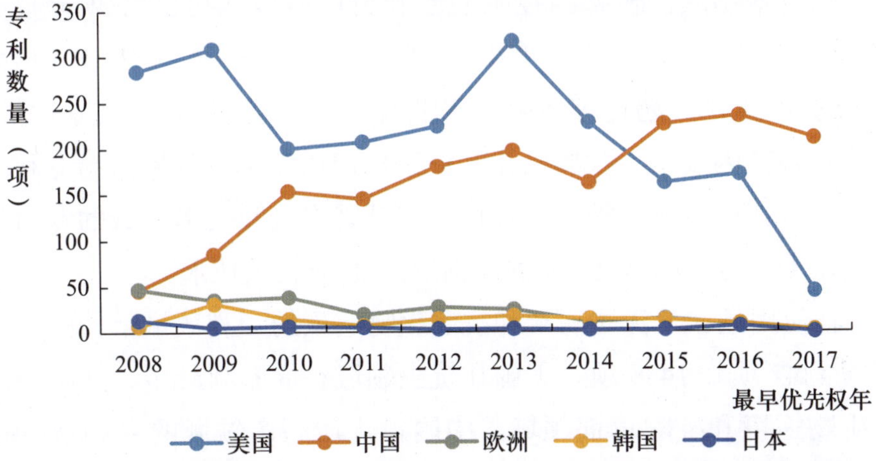
专利数量（项）
350
300
250
200
150
100
50
0
2008
2009
2010
2011
2012
2013
2014
2015
2016
2017
最早优先权年
美国
中国
欧洲
韩国
日本

图 4.2　2008 年—2017 年玉米分子育种专利 TOP5 来源国家 / 地区专利数量年代趋势

图 4.3 为 2008 年—2017 年玉米分子育种专利 TOP5 来源国家 / 地区研发方向布局。2008 年—2017 年全球玉米分子育种在技术领域分布的专利数量共计 3657 项，在应用领域分布的专利数量共计 3165 项，两个领域发展得较为平衡。

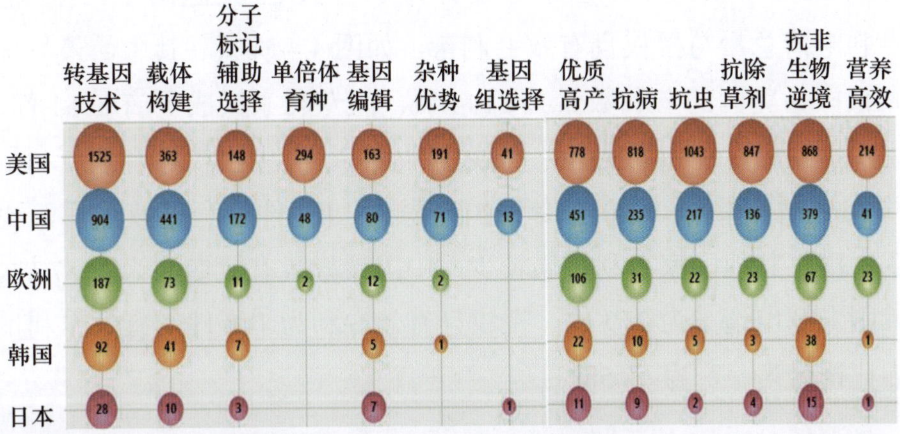
转基因技术
载体构建
分子标记辅助选择
单倍体育种
基因编辑
杂种优势
基因组选择
优质高产
抗病
抗虫
抗除草剂
抗非生物逆境
营养高效
美国
1525 363 148 294 163 191 41 778 818 1043 847 868 214
中国
904 441 172 48 80 71 13 451 235 217 136 379 41
欧洲
187 73 11 2 12 2 106 31 22 23 67 23
韩国
92 41 7 5 1 22 10 5 3 38 1
日本
28 10 3 7 1 11 9 2 4 15 1

图 4.3　2008 年—2017 年玉米分子育种专利 TOP5 来源国家 / 地区研发方向布局（单位：项）

在技术领域，转基因技术的专利数量最多，共2909项，是玉米分子育种领域最热门、应用最广泛的技术。美国转基因技术相关专利共1525项，超过排名第二的中国两倍，有着绝对的技术优势。中国在转基因技术、载体构建和分子标记辅助选择领域布局专利较多。各国在单倍体育种、杂种优势、基因组选择技术领域的专利数量均不多，可推测这几项技术是刚刚兴起的新兴技术。

在应用领域，优质高产和抗非生物逆境的专利数量都较多，分别为1442项和1439项。美国在抗虫领域布局专利最多，其次是抗非生物逆境和抗除草剂领域。中国在优质高产领域的专利数量较多。日本和韩国的专利布局则聚焦于抗非生物逆境和优质高产领域。营养高效则是几个国家/地区专利数量均较少的应用领域，特别是韩国和日本都仅有1项专利，可见目前各国家/地区在该领域开展的研究均不多。

4.1.2 主要国家/地区专利授权与保护

在DI数据库中将专利家族中的专利扩充并进行申请号归并，得到2008年—2017年玉米分子育种专利TOP5来源国家/地区的专利申请总量与授权且有效专利量，如图4.4所示。其中，最早优先权国为美国的专利数量共2144项，但专利家族成员有8951件，说明美国的专利布局完善，同族专利较多，其中授权且有效专利量共4365件。中国1640项专利扩充得到1934件专利家族成员，说明中国在其他国家专利布局较少，中国授权且有效专利为1257件。韩国专利申请量为219件，授权且有效专利为148件，有效专利量占比排名第一，为67.58%。

4.1.3 主要国家/地区的专利布局

图4.5和图4.6分别展示了2008年—2017年玉米分子育种专利

TOP 5 国家 / 地区海外专利占比情况和玉米分子育种专利 TOP5 国家 / 地区海外专利布局情况。中国在海外布局的专利数量非常少，为 287 件，占全部专利申请量的 14.84%，低于其他国家。欧洲海外专利布局比例为 84.68%，排名第一；美国海外专利布局占比为 73.31%，排名第二。由此可见，中国在玉米分子育种领域专利的海外布局和保护方面还有待加强。

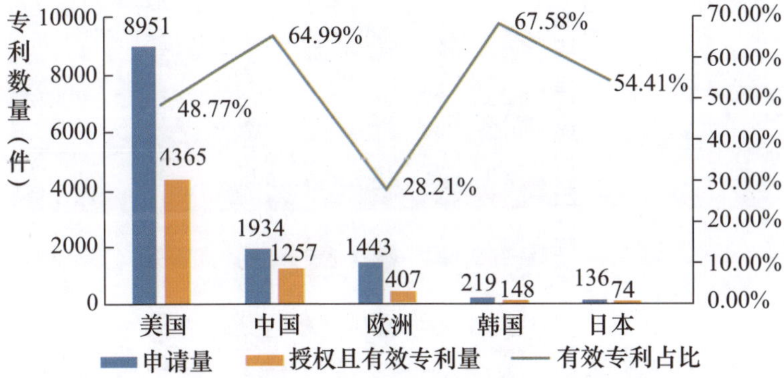
专利数量（件）
10000
8000
6000
4000
2000
0
70.00%
60.00%
50.00%
40.00%
30.00%
20.00%
10.00%
0.00%
8951
4365
48.77%
1934
1257
64.99%
1443
407
28.21%
219
148
67.58%
136
74
54.41%
美国
中国
欧洲
韩国
日本
申请量
授权且有效专利量
有效专利占比

图 4.4　2008 年—2017 年玉米分子育种专利 TOP5 来源国家 / 地区的专利申请总量与授权且有效专利量

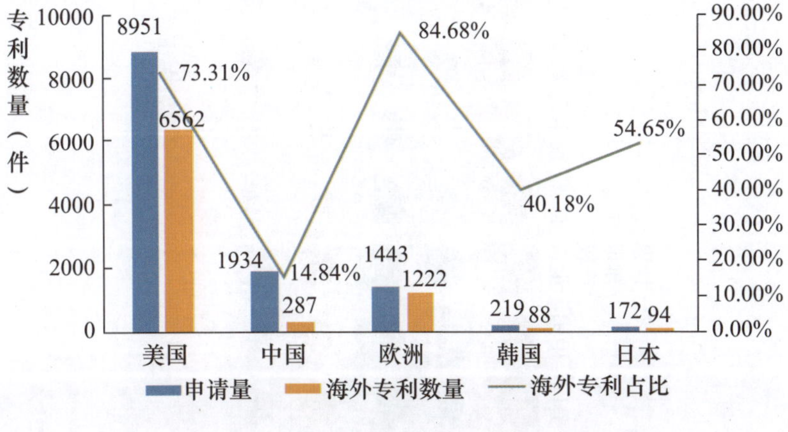
专利数量（件）
10000
8000
6000
4000
2000
0
90.00%
80.00%
70.00%
60.00%
50.00%
40.00%
30.00%
20.00%
10.00%
0.00%
8951
6562
73.31%
1934
287
14.84%
1443
1222
84.68%
219
88
40.18%
172
94
54.65%
美国
中国
欧洲
韩国
日本
申请量
海外专利数量
海外专利占比

图 4.5　2008 年—2017 年玉米分子育种专利 TOP 5 国家 / 地区海外专利占比情况

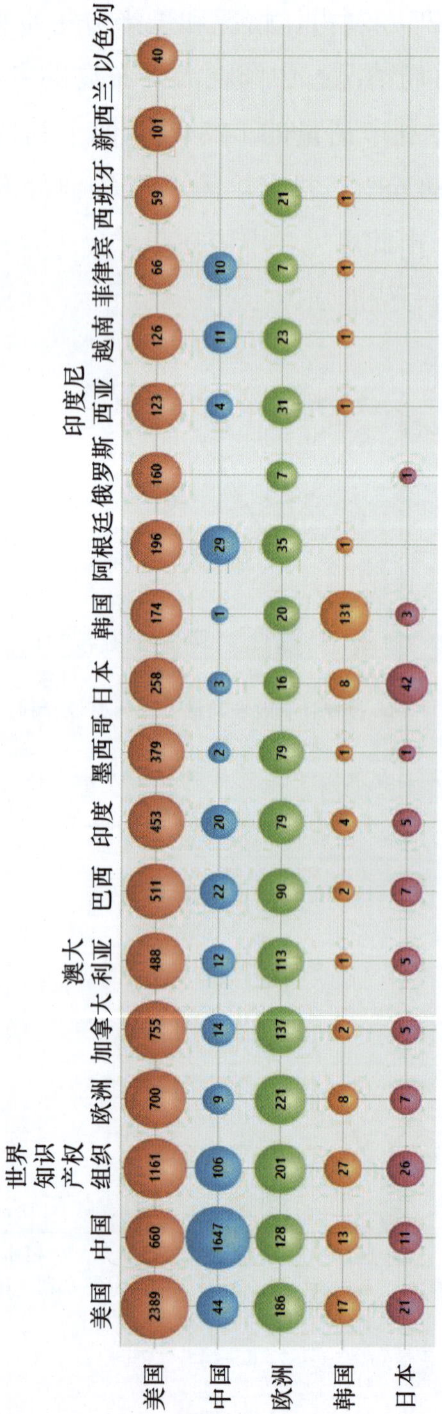
美国
中国
世界知识产权组织
欧洲
加拿大
澳大利亚
巴西
印度
墨西哥
日本
韩国
阿根廷
俄罗斯
印度尼西亚
越南
菲律宾
西班牙
新西兰
以色列
美国 2389 660 1161 700 755 488 511 453 379 258 174 196 160 123 126 66 59 101 40
中国 44 1647 106 9 14 12 22 20 2 3 1 29 4 11 10
欧洲 186 128 201 221 137 113 90 79 79 16 20 35 7 31 23 7 21
韩国 17 13 27 8 2 1 2 4 1 8 131 1 1 1 1 1
日本 21 11 26 7 5 5 7 5 1 42 3 1

图 4.6 2008 年—2017 年玉米分子育种专利 TOP5 国家 / 地区海外专利布局情况（单位：件）

4.1.4　主要国家 / 地区专利质量对比

图 4.7 是 2008 年—2017 年玉米分子育种专利 TOP5 国家 / 地区专利质量对比。从 incoPat 数据库获取到有专利价值度的美国专利共 7691 件，中国专利 1868 件，欧洲专利 1184 件，韩国专利 78 件，日本专利 99 件。其中，中国 8 分及以上专利共 625 件，占全部专利（1934 件）的 32.32%，美国 8 分及以上专利共 3861 件，占全部专利（8951 件）的 43.13%，可见美国高分专利占比较高，专利质量较好，影响力较大。

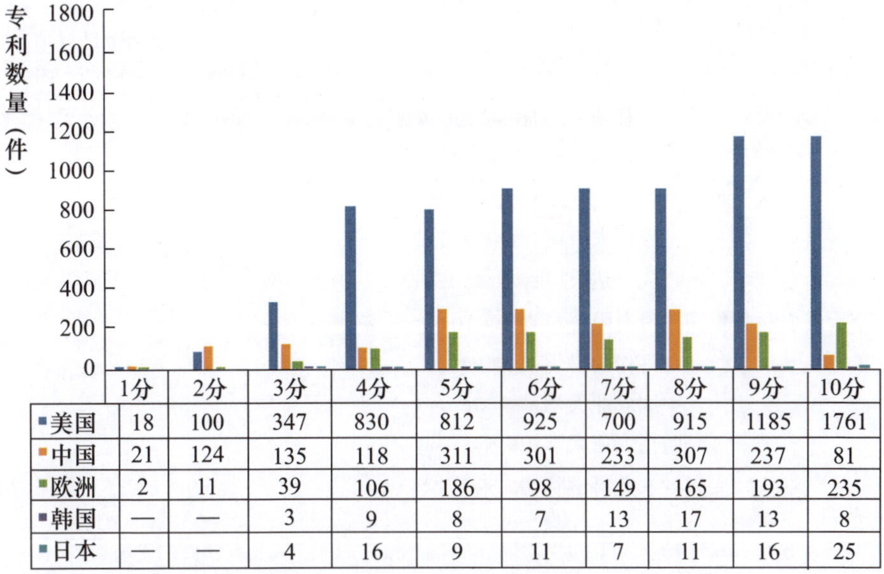
专利数量（件）
1800
1600
1400
1200
1000
800
600
400
200
0

	1分	2分	3分	4分	5分	6分	7分	8分	9分	10分
美国	18	100	347	830	812	925	700	915	1185	1761
中国	21	124	135	118	311	301	233	307	237	81
欧洲	2	11	39	106	186	98	149	165	193	235
韩国	—	—	3	9	8	7	13	17	13	8
日本	—	—	4	16	9	11	7	11	16	25

图 4.7　2008 年—2017 年玉米分子育种专利 TOP5 国家 / 地区专利质量对比

4.2　主要专利权人技术研发竞争力对比分析

4.2.1　主要专利权人的专利数量及年代趋势

图 4.8 为 2008 年—2017 年全球玉米分子育种技术主要专利权

人分布，大部分为美国和中国的机构。其中，杜邦公司专利数量最多（816 项），其次是孟山都公司（291 项）、陶氏化学（235 项）、巴斯夫公司（152 项）、先正达公司（139 项）。中国机构中北京大北农科技集团股份有限公司专利数量最多，为 104 项，排名第六。图 4.9 为 2008 年—2017 年玉米分子育种主要专利权人的专利数量年代趋势，杜邦公司一直领先于其他机构，2013 年后其专利数量略有下降。北京大北农科技集团股份有限公司自 2012 年起专利申请趋势上升，安徽省农业科学院 2013 年才产出第一项专利，但发展速度相对较快。从总体上看，中国机构的专利数量要少于欧美机构。

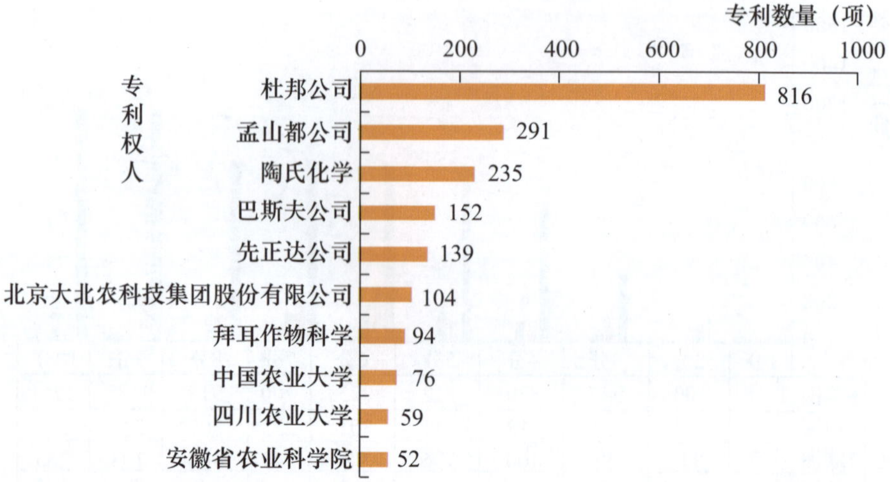
专利数量（项）
0
200
400
600
800
1000
专利权人
杜邦公司
816
孟山都公司
291
陶氏化学
235
巴斯夫公司
152
先正达公司
139
北京大北农科技集团股份有限公司
104
拜耳作物科学
94
中国农业大学
76
四川农业大学
59
安徽省农业科学院
52

图 4.8　2008 年—2017 年全球玉米分子育种技术主要专利权人分布

图 4.10 展示了 2008 年—2017 年玉米分子育种专利主要专利权人技术和应用分布。在技术领域，转基因技术是各专利权人最关注的技术，其次是载体构建。杜邦公司在单倍体育种领域的专利数量排名第一。在应用领域，抗虫、抗非生物逆境、抗除草剂、抗病都是 2008 年—2017 年研究比较集中的领域。

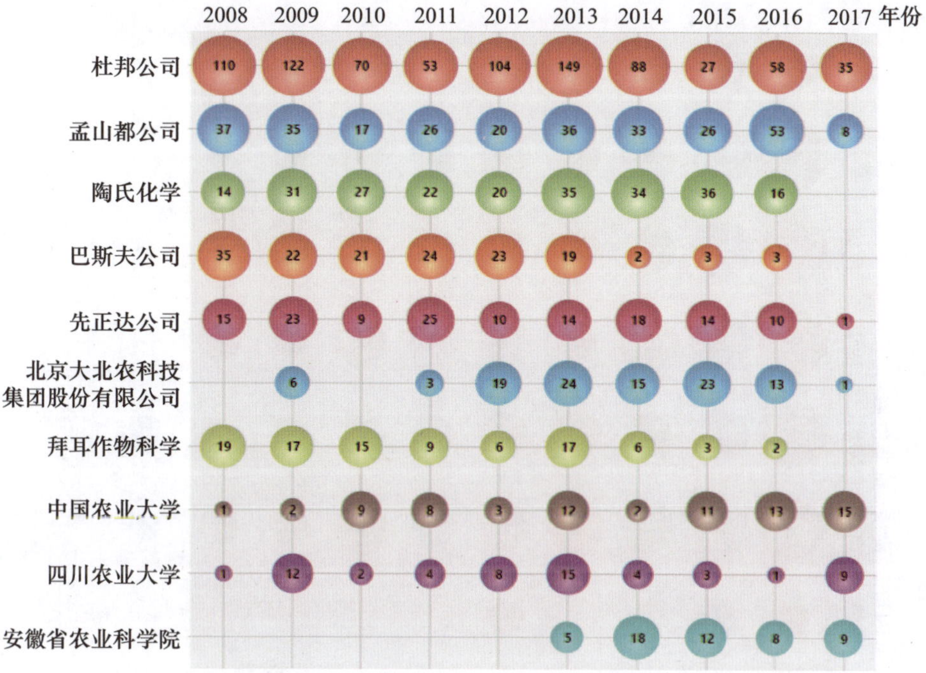
2008
2009
2010
2011
2012
2013
2014
2015
2016
2017
年份
杜邦公司
孟山都公司
陶氏化学
巴斯夫公司
先正达公司
北京大北农科技集团股份有限公司
拜耳作物科学
中国农业大学
四川农业大学
安徽省农业科学院
110 122 70 53 104 149 88 27 58 35
37 35 17 26 20 36 33 26 53 8
14 31 27 22 20 35 34 36 16
35 22 21 24 23 19 2 3 3
15 23 9 25 10 14 18 14 10 1
6 3 19 24 15 23 13 1
19 17 15 9 6 17 6 3 2
1 2 9 8 3 12 2 11 13 15
1 12 2 4 8 15 4 3 1 9
5 18 12 8 9

图 4.9　2008 年—2017 年玉米分子育种主要专利权人的专利数量年代趋势（单位：项）

4.2.2　主要专利权人的授权与保护

在 DI 数据库中将专利家族中的专利扩充并进行申请号归并，得到 2008 年—2017 年玉米分子育种主要专利权人的专利申请量与授权且有效专利量对比，如图 4.11 所示。从图 4.11 中可以看出，中国专利权人的专利申请量与国外专利权人相比差距较大。杜邦公司共申请 816 项 /2442 件专利，说明杜邦公司的多项专利在全球多个国家 / 地区进行了同族专利的布局，其中授权且有效专利 1175 件，排名第一；北京大北农科技集团股份有限公司共申请 104 项 /235 件专利，说明该机构较少在其他国家 / 地区进行同族专利的布局和保护，其中授权且有效专利 123 件，占总体专利申请量的 52.34%。此外，陶氏化学、巴斯夫公司专利申请总量均在 1000 件以上。

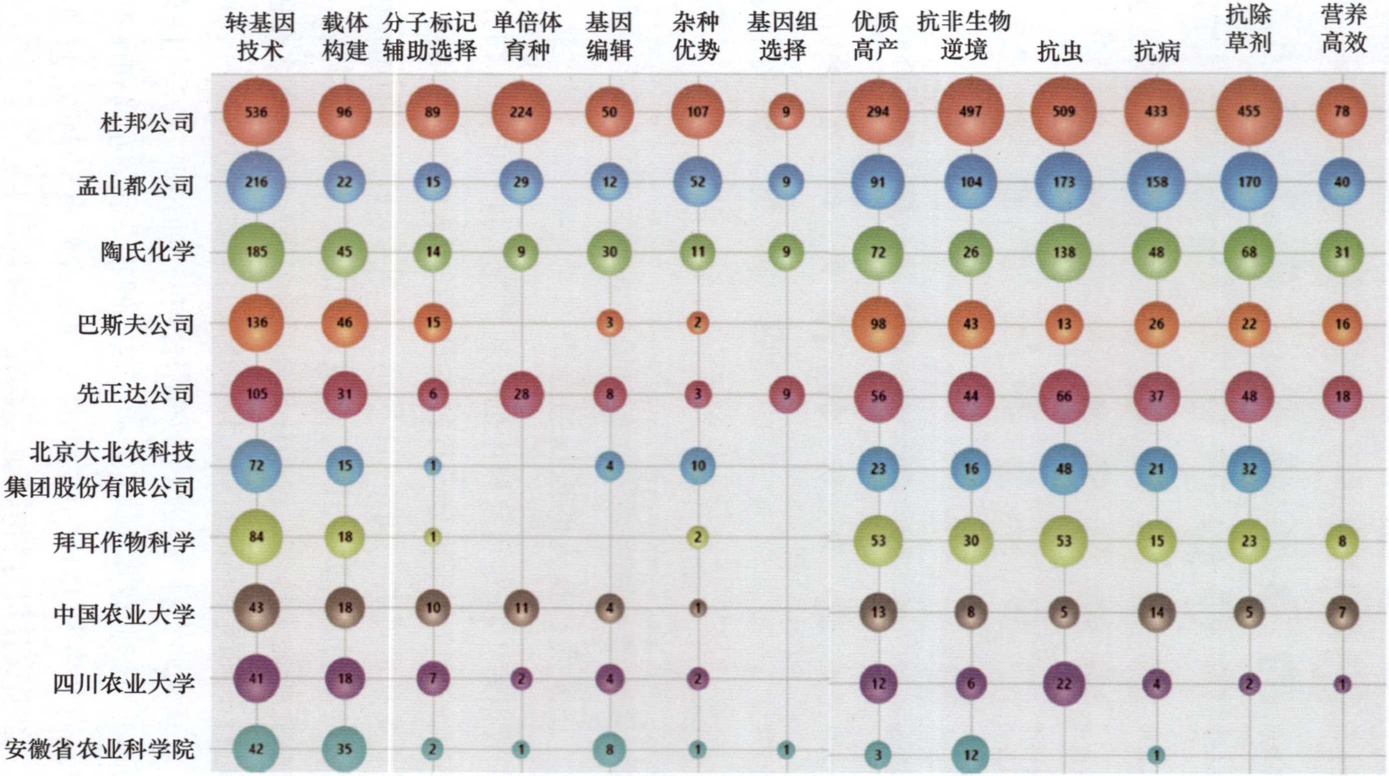

转基因技术
载体构建
分子标记辅助选择
单倍体育种
基因编辑
杂种优势
基因组选择
优质高产
抗非生物逆境
抗虫
抗病
抗除草剂
营养高效
杜邦公司
536 96 89 224 50 107 9 294 497 509 433 455 78
孟山都公司
216 22 15 29 12 52 9 91 104 173 158 170 40
陶氏化学
185 45 14 9 30 11 9 72 26 138 48 68 31
巴斯夫公司
136 46 15 3 2 98 43 13 26 22 16
先正达公司
105 31 6 28 8 3 9 56 44 66 37 48 18
北京大北农科技集团股份有限公司
72 15 1 4 10 23 16 48 21 32
拜耳作物科学
84 18 1 2 53 30 53 15 23 8
中国农业大学
43 18 10 11 4 1 13 8 5 14 5 7
四川农业大学
41 18 7 2 4 2 12 6 22 4 2 1
安徽省农业科学院
42 35 2 1 8 1 1 3 12 1

图 4.10 2008 年—2017 年玉米分子育种专利主要专利权人技术和应用分布（单位：项）

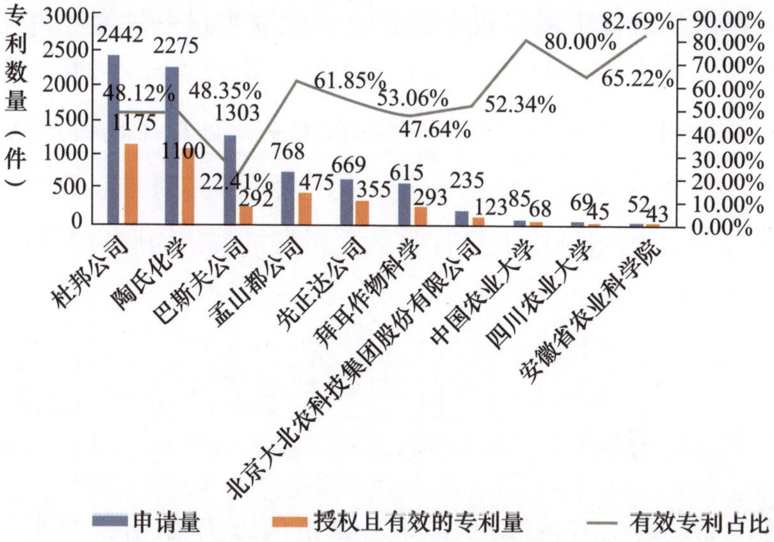
专利数量（件）
3000
2500
2000
1500
1000
500
0
90.00%
80.00%
70.00%
60.00%
50.00%
40.00%
30.00%
20.00%
10.00%
0.00%
2442
2275
1303
768
669
615
235
85
69
52
1175
1100
292
475
355
293
123
68
45
43
48.12%
48.35%
22.41%
61.85%
53.06%
47.64%
52.34%
80.00%
65.22%
82.69%
杜邦公司
陶氏化学
巴斯夫公司
孟山都公司
先正达公司
拜耳作物科学
北京大北农科技集团股份有限公司
中国农业大学
四川农业大学
安徽省农业科学院
申请量
授权且有效的专利量
有效专利占比

图 4.11　2008 年—2017 年玉米分子育种主要专利权人的专利申请量与授权且有效专利量对比

4.2.3　主要专利权人的专利运营情况

图 4.12 为 2008 年—2017 年玉米分子育种主要专利权人的专利

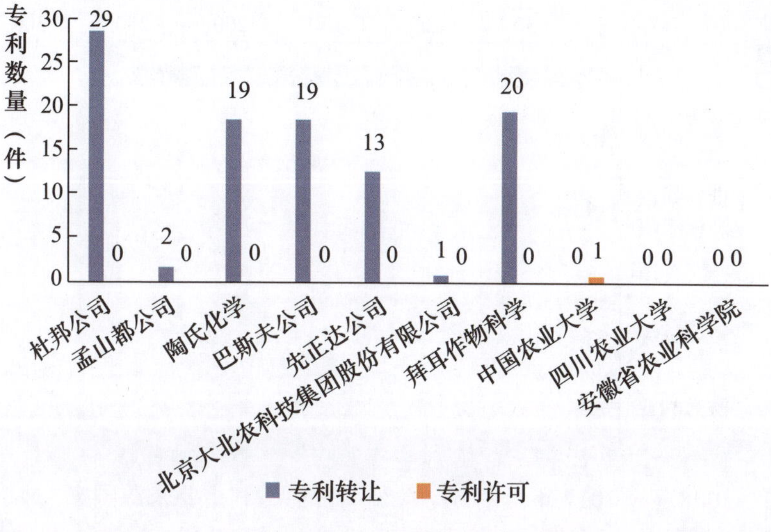
专利数量（件）
30
25
20
15
10
5
0
29
0
2
0
19
0
19
0
13
0
1
0
20
0
0
1
0 0
0 0
杜邦公司
孟山都公司
陶氏化学
巴斯夫公司
先正达公司
北京大北农科技集团股份有限公司
拜耳作物科学
中国农业大学
四川农业大学
安徽省农业科学院
专利转让
专利许可

图 4.12　2008 年—2017 年玉米分子育种主要专利权人的专利运营分布

运营分布。从总体上看，仅中国农业大学发生过一件专利许可，国外专利权人的专利转让数量远大于中国专利权人的专利转让数量。专利转让数量以杜邦公司的29件排名第一，拜耳作物科学的20件排名第二，陶氏化学和巴斯夫公司均为19件并列排名第三。2008年—2017年，中国机构中只有北京大北农科技集团股份有限公司发生过1件专利转让。

4.3 2008年—2017年玉米分子育种高价值专利对比分析

本书定义在incoPat数据库中合享价值度为10分，且被引证次数在10次以上的专利为高价值专利。经同族扩充、申请号归并及incoPat数据查询和筛选，得到2008年—2017年玉米分子育种领域高质量专利277件（见图4.13），占该领域2008年—2017年所有专利数量（14507件）的1.91%。

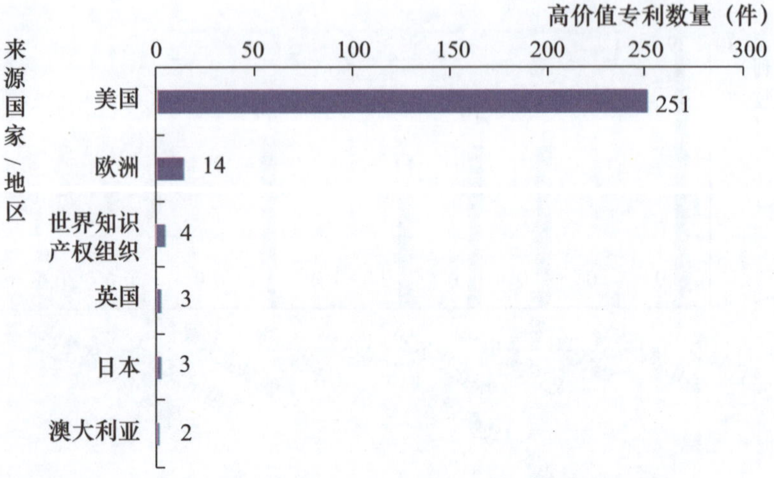
高价值专利数量（件）
0
50
100
150
200
250
300
来源国家/地区
美国
251
欧洲
14
世界知识产权组织
4
英国
3
日本
3
澳大利亚
2

图4.13 2008年—2017年玉米分子育种高价值专利主要来源国家/地区分布

从图 4.13 中可以看出，美国的高价值专利数量远远领先于其他国家 / 地区，为 251 件，其次为欧洲和世界知识产权组织。

2008 年—2017 年玉米分子育种高价值专利主要专利权人分布如图 4.14 所示，TOP10 专利权人均来自欧美发达国家 / 地区，美国机构优势明显，其中杜邦公司的高价值专利最多（64 件），孟山都公司排名第二（34 件），美国 TerraVia 控股公司排名第三（26 件）。

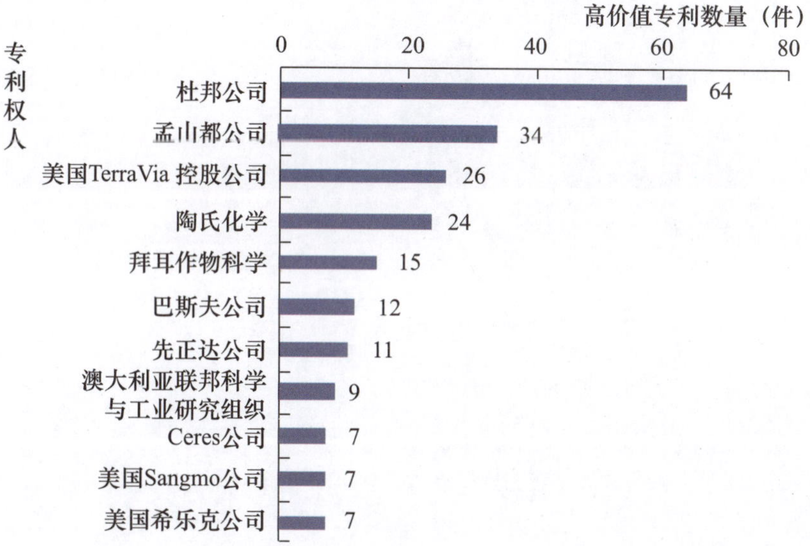
高价值专利数量（件）
0
20
40
60
80
专利权人
杜邦公司
64
孟山都公司
34
美国TerraVia 控股公司
26
陶氏化学
24
拜耳作物科学
15
巴斯夫公司
12
先正达公司
11
澳大利亚联邦科学与工业研究组织
9
Ceres公司
7
美国Sangmo公司
7
美国希乐克公司
7

图 4.14　2008 年—2017 年玉米分子育种高价值专利主要专利权人分布

第 5 章

全球作物分子育种新技术专利态势分析

为了使作物育种更加精准、周期更短、质量更高，新兴分子育种技术正在快速地发展。本书根据作物分子育种领域专家提出的单倍体育种、基因编辑、CRISPR①、高通量表型鉴定、大数据与人工智能五项新技术，分别在 DII 数据库中进行专利检索，检索结果经作物分子育种领域专家筛选，得出五项新技术的专利数量用于后续分析。

单倍体起源于 A.D 伯格纳于 1964 年在曼陀罗花中发现的单倍体植株，这是体细胞染色体数为本物种配子染色体数的生物个体，此后陆续发现一系列自发产生的单倍体并产生许多人工诱导单倍体植株的方法[81]。单倍体育种（Haploid Breeding）作为植物育种手段之一，利用植物组织培养技术诱导产生单倍体植株，再通过某种手段使染色体组加倍获得纯合的二倍体，从而达到筛选优良纯合系后代，缩短育种年限，并提供新的遗传资源和选择材料的目的。

基因编辑（Genome Editing）技术是指人们可以对目标基因进行“编辑”，实现对特定 DNA 片段的敲除、加入等，具体技术包括：CRISPR（Clustered Regularly Interspaced Short Palindromic Repeats）、RNA 干扰（RNA interference，RNAi）、转录激活因子样效应物核

① 虽然CRISPR属于基因编辑技术，但由于其是近期比较热门的技术，所以单独列出分析。

酸酶（Transcription Activator-Like Effector Nucleases，TALEN）、锌指核酸酶（Zinc Finger Nuclease，ZFN）等。CRISPR 是原核生物基因组中的一段重复序列，是细菌对抗外源入侵病毒和外源 RNA 的天然免疫系统。通过利用 Cas9（CRISPR associated protein 9）这种特殊编程的酶，CRISPR/Cas9 系统可以对特定的 DNA 靶位点进行识别和切割，激活细胞内的修复机制，从而引发 DNA 断口处碱基的丢失、插入和替换，获得新的突变体。CRISPR 技术自发现以来就得到了较多关注，成为生物学、农业和微生物学等领域最重要的基因编辑工具，在作物分子育种、遗传性状改良等方面具有广泛的应用前景。

高通量表型鉴定：随着作物功能基因组研究和育种技术的飞速发展，需要在短时间内获得大量玉米样本的籽粒表型性状，而传统的方法目前已无法满足这一需求。为了解决这一技术瓶颈，自动化控制技术、成像技术、数学建模等方法结合精准的动态表型信息和高丰度作物分子信息在作物品种与品质无损检测、重要性状基因位点发掘、抑制基因遗传调控、基因网络信息解析等方面发挥了重要作用[82]。

大数据与人工智能技术是近年来在各个领域都热门的新兴技术。大数据（Big data）一词最初起源于互联网和 IT 行业。随着“人类基因组计划”的完成，带动了生物行业的一次革命，高通量测序技术得到了快速发展，使得生命科学研究获得了强大的数据产出能力，包括基因组学、转录组学、蛋白质组学、代谢组学等生物学数据。“十一五”以来，生物大数据被用于医疗、农业和食品领域，进行基因检测、优良农作物品种培育等研究。人工智能（Artificial Intelligence，AI）带动农业发展已成为一种趋势，目前其在农业领域的应用包括利用 AI 平台寻找候选基因改善作物性状，对 DNA 和 RNA 序列信息、现场成像信息进行分析，预测所需基因所要表达的性状，识别作物病虫害发生，播种及收割等[83]。

此外，我们还依据佐治亚理工大学 Alan Porter 教授团队开发的针对某一技术领域新兴研究方向的计算方法“Emergence Indicators”，对全球玉米分子育种领域的新兴技术进行预测，以帮助决策者和科研人员了解玉米分子育种领域新兴研究方向的发展现状和未来趋势，以便相关人员提前进行研发布局和战略选择。

5.1　新技术专利年代趋势

截至 2018 年 11 月 6 日，共检索到单倍体育种相关专利 1304 项，基因编辑相关专利 613 项，CRISPR 相关专利 505 项，高通量表型鉴定相关专利 8 项，大数据与人工智能相关专利 1 项。图 5.1 为全球作物分子育种新技术专利数量年代趋势，单倍体育种和基因编辑专利数量总体呈现上扬趋势，2016 年的专利数量最多；高通量表型鉴定相关专利始于 1999 年，此后专利数量一直不多；大数据与人工智能目前唯一的一项专利申请于 2003 年。需要说明的是，2016 年和 2017 年的专利数据不完整，所以这两年的数据不完全具有参考性。

单倍体育种专利申请始于 1975 年，最早的两项专利均来自苏联，一项是苏联著名的园艺学家米丘林遗传学（Michurin Genetics）创始人伊万·弗拉基米洛维奇·米丘林申请的 SU535054A1 “Autotetraploid plants fruition improvement method using diploid seed stock to break homology”，另一项是 Nonblack Earth Agri 申请的

SU520957A1 “Producing apomictic forms of soft wheat with pollination to increase haploid and pseudodiploid parthenogenesis”。该技术的专利数量自 2006 年起逐年增加，2014 年的专利数量为 192 项，比 2013 年增长了近 3 倍，且目前仍有继续增长的趋势。

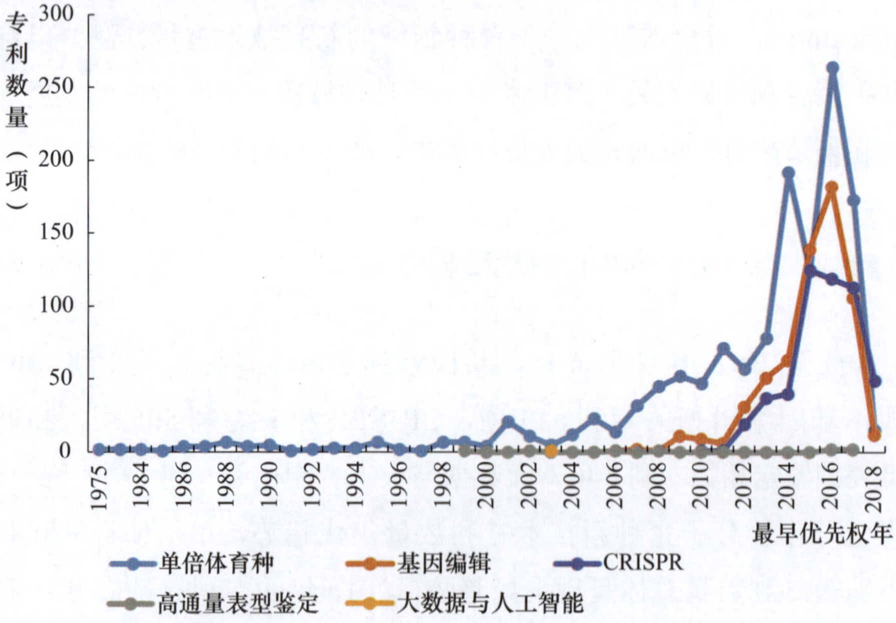
专利数量（项）
300
250
200
150
100
50
0
1975
1984
1986
1988
1990
1992
1994
1996
1998
2000
2002
2004
2006
2008
2010
2012
2014
2016
2018
最早优先权年
单倍体育种
基因编辑
CRISPR
高通量表型鉴定
大数据与人工智能

图 5.1　全球作物分子育种新技术专利数量年代趋势

基因编辑专利申请始于 2007 年，最早的两项专利是杜邦公司申请的 WO2009006297A2 “Altering a monocot plant cell genome, comprises contacting a monocot plant cell, selecting cells, identifying cells, and recovering a fertile monocot plant having an alteration in its genome” 和陶氏化学申请的 WO2009042164A1 “New engineered zinc finger protein (ZFP) targeting 5-enolpyruvylshikimate-3-phosphate synthase (EPSPS), useful for developing herbicide glyphosate tolerant transgenic plant"，这两项专利的同族专利分别为 9 件和 12 件，全球布局比较广泛。该技术在首次专利产出后的短短 4 年内，专利数量就有了明显的提升，可见是作物分子育种领域热门的新兴技术。CRISPR 在作物分子育种领域的相关专利最早申请于 2006 年，2013 年的专利数量呈现爆发式增长，2015 年的专利数量为 125 项，且作为第三代基因编辑技术，CRISPR/Cas9 受到重点关注。

高通量表型鉴定专利申请始于 1999 年，是杜邦公司申请的 WO2001049104A2 "Mapping phenotypic traits corresponding to chromosomal location or region, for use in plant breeding techniques involves clustering original parents into groups on basis of their haplotype for multiple genetic markers"。但此后几年，该领域专利申请不连续，且专利数量均较少。

大数据与人工智能的唯一一项专利是由南开大学于 2003 年申请的 CN1628504A "Artificial intelligent breeding method for vegetable"。

由于高通量表型鉴定、大数据与人工智能相关专利数量较少，其详细信息列于表 5.1 中，后文不再进行分析。

表 5.1　高通量表型鉴定、大数据与人工智能专利

标题	专利公开号	最早优先权年	最早优先权国家	专利权人	技术分类
Mapping phenotypic traits corresponding to chromosomal location or region, for use in plant breeding techniques involves clustering original parents into groups on basis of their haplotype for multiple genetic markers	WO2001049104A2	1999	美国	杜邦公司	高通量表型鉴定

（续表）

标题	专利公开号	最早优先权年	最早优先权国家	专利权人	技术分类
Analyzing plants having a phenotype of interest comprises obtaining phenotypic characteristics of the population of plants, and comparing phenotypic characteristics of plants in the population to one another	US20120071348A1	2002	美国	杜邦公司	高通量表型鉴定
Artificial intelligent breeding method for vegetable	CN1628504A	2003	中国	南开大学	大数据与人工智能
New rooted plant assay system that is non-transgenic in all tissues other than roots, useful for high throughput screening of test polynucleotides for their ability to effect phenotypic traits having agricultural value	US20080153102A1	2006	美国	巴斯夫公司	高通量表型鉴定
Analyzing impact of genetic modifications on plant involves moving plant growing under controlled environmental in automated transporter system, imaging characteristic of plant, analyzing images and resulting information and selecting plant	WO2010031780A1	2008	美国	巴斯夫公司	高通量表型鉴定
High throughput acquisition system for phenotypic data of field crop, has drive motor that is connected to steering wheel and further control box, battery and remote control receiving device are arranged on main structural component	CN106403820A	2016	中国	中国科学院植物研究所	高通量表型鉴定
Culture device for high throughput plant phenotypic imaging, has first culture pot which is connected to second culture pot detachable sleeve and is rotatable relative to each other such that side wall is partially or completely shaded	CN206101038U	2016	中国	上海乾菲诺农业科技有限公司	高通量表型鉴定

（续表）

标题	专利公开号	最早优先权年	最早优先权国家	专利权人	技术分类
Fully automatic high throughput rapeseed phenotypic research system, has detecting conveyor belt for detecting culture pot imaging device to identify electronic serial number of code scanning device, and mechanical arm for clamping pot	CN107132228A	2017	中国	浙江大学	高通量表型鉴定
Crop high-throughput phenotype detection method involves calculating phenotypic parameter of crop based on effective TOP mark image, effective side mark image and effective three-dimensional point cloud image	CN107358610A	2017	中国	北京农业信息技术研究中心	高通量表型鉴定

5.2　新技术专利来源国家 / 地区分布

图 5.2 是全球作物分子育种新技术专利主要来源国家 / 地区，专利优先权国家 / 地区在一定程度上反映了技术的来源地。从图 5.2 中可以看出，美国和中国在三个技术领域的优势较明显。单倍体育种专利数量最多的优先权国家 / 地区依次是：美国（941 项）、中国（241 项）、欧洲（30 项）和加拿大（21 项）；基因编辑专利数量最多的国家 / 地区依次是美国（321 项）、中国（210 项）、日本（16 项）、欧洲（13 项）和世界知识产权组织（13 项）。CRISPR 主要来源国家是美国（265 项）和中国（177 项），且相对于其他国家 / 地区，美国和中国的专利数量有着明显优势。

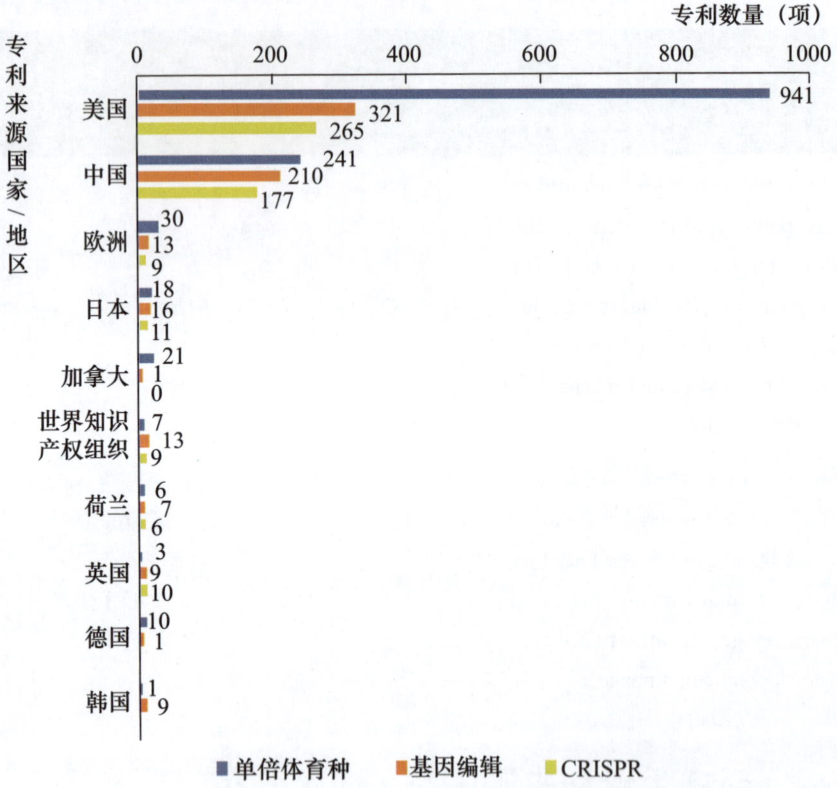
专利数量（项）
专利来源国家/地区
0
200
400
600
800
1000
美国
941
321
265
中国
241
210
177
欧洲
30
13
9
日本
18
16
11
加拿大
21
1
0
世界知识产权组织
7
13
9
荷兰
6
7
6
英国
3
9
10
德国
10
1
韩国
1
9
单倍体育种
基因编辑
CRISPR

图 5.2　全球作物分子育种新技术专利主要来源国家 / 地区

5.3　新技术专利德温特手工代码分布

基于 DII 专利数据库中专利信息的独特性，各专利所属的德温特手工代码也包含了专利的技术信息，故本节还对各项新技术所涉及的专利进行了德温特手工代码的统计分析，从而可以了解和分析各项新技术专利主要涉及的技术领域或应用领域。表 5.2 列出了单倍体育种专利涉及的德温特手工代码信息及释义，基因编辑和 CRISPR 专利涉及的德温特手工代码信息及释义相似，共同在表 5.3 中呈现。

表 5.2　单倍体育种专利涉及的德温特手工代码信息及释义

德温特手工代码	专利数量（项）	德温特手工代码释义
D05-H16B	897	Food, disinfectants, detergents → Fermentation industry → Microbiology, laboratory procedures (general and others) → Transgenic organisms → Transgenic plant
C14-U05	816	Agricultural chemicals → Agricultural activities → Plant growth regulants/protectants → Conferring stress tolerance (e.g. drought, heat) to plants
C14-U04	808	Agricultural chemicals → Agricultural activities → Plant growth regulants/protectants → Conferring pest resistance (e.g. fungi, insects) to plants
C14-U03	807	Agricultural chemicals → Agricultural activities → Plant growth regulants/protectants → Conferring herbicide resistance to plants
C14-U01	756	Agricultural chemicals → Agricultural activities → Plant growth regulants/protectants → Plant growth regulants (general)
C04-A99	753	Agricultural chemicals → Natural products (or genetically engineered), polymers → Alkaloids, plant extracts → Patent with hybrid plant
P13-B02	740	General → Agriculture, food,tobacco → Plant culture, dairy products → Plant propagation and modification → New plants or plant breeds
P13-E01	701	General → Agriculture, food,tobacco → Plant culture, dairy products → Types of crop cultivated → Fruits and nuts
P13-B01	650	General → Agriculture, food,tobacco → Plant culture, dairy products → Plant propagation and modification → Propagation of vegetative material
P13-E03	597	General → Agriculture, food,tobacco → Plant culture, dairy products → Types of crop cultivated → Cereals and grasses
D05-H14B3	557	Food, disinfectants, detergents → Fermentation industry → Microbiology, laboratory procedures (general and others) → Recombinant cells → Recombinant cell lines (unspecified) → Recombinant plant cells
D05-H08B	540	Food, disinfectants, detergents → Fermentation industry → Microbiology, laboratory procedures (general and others) → Cell or tissue culture general or unspecified → Animal/plant cells culture

（续表）

德温特手工代码	专利数量（项）	德温特手工代码释义
C14-U02	523	Agricultural chemicals → Agricultural activities → Plant growth regulants/protectants → Soil fumigants, seed protectants and sterilants
C04-N01	369	Agricultural chemicals → Natural products (or genetically engineered), polymers → Other protein/polypeptide → Plant protein/polypeptide (no sequence)
C04-C02B2	361	Agricultural chemicals → Natural products (or genetically engineered), polymers → Polymers → Polysaccharides (general) → Starch, dextrin and derivatives → Unmodified starch

表 5.3 基因编辑和 CRISPR 专利涉及的德温特手工代码信息及释义

德温特手工代码	专利数量（项）	德温特手工代码释义
C04-E99	393	Agricultural chemicals → Natural products (or genetically engineered), polymers → Nucleic acids → Patent with Geneseq record
D05-H99	307	Food, disinfectants, detergents → Fermentation industry → Microbiology, laboratory procedures(general and others)→ Patent with Geneseq record
D05-H19C	280	Food, disinfectants, detergents → Fermentation industry → Microbiology, laboratory procedures [general and others] → Biological materials for use in genetic engineering (general) → CRISPR system
D05-H16B	272	Food, disinfectants, detergents → Fermentation industry → Microbiology, laboratory procedures [general and others] → Transgenic organisms → Transgenic plant
C04-E13	249	Agricultural chemicals → Natural products (or genetically engineered), polymers → Nucleic acids → CRISPR
C04-E08	199	Agricultural chemicals → Natural products (or genetically engineered), polymers → Nucleic acids → Vectors, plasmids, cosmids, transposons

（续表）

德温特手工代码	专利数量（项）	德温特手工代码释义
C04-A0800E	192	Agricultural chemicals → Natural products (or genetically engineered), polymers → Alkaloids, plant extracts → Plant divisions and whole plants general and other → Plant divisions and whole plants general and other (genetically engineered)
C04-L05A2	180	Agricultural chemicals → Natural products (or genetically engineered), polymers → Enzymes → Hydrolases general and other → Esterases → CRISPR system nucleases
D05-H12E	177	Food, disinfectants, detergents → Fermentation industry → Microbiology, laboratory procedures [general and others] → DNA, CDNA, transfer vectors, RNA → Vectors
P13-B01	160	General → Agriculture, Food,Tobacco → Plant culture, dairy products → Plant propagation and modification → Propagation of vegetative material
D05-H14	151	Food, disinfectants, detergents → Fermentation industry → Microbiology, laboratory procedures (general and others)→ Recombinant cells
C04-F0800E	141	Agricultural chemicals → Natural products (or genetically engineered), polymers → Cells, microorganisms, transformants, hosts → Plant/algae → Plant/algae (genetically engineered)
B04-E99	140	Pharmaceutical → Natural products (or genetically engineered), polymers → Nucleic acids → Patent with Geneseq record
C04-F0100E	137	Agricultural chemicals → Natural products (or genetically engineered), polymers → Cells, microorganisms, transformants, hosts → Cells, microorganisms, transformants, hosts, cell lines, tissue (general)→ Cells, microorganisms, transformants, hosts, cell lines, tissue(general) (genetically engineered)
P13-B02	133	General → Agriculture, Food,Tobacco → Plant culture, dairy products → Plant propagation and modification → New plants or plant breeds

5.4 新技术专利主要专利权人分析

5.4.1 单倍体育种主要专利权人及专利年代趋势

如图 5.3 所示，全球作物分子育种单倍体育种主要专利权人包括杜邦公司（美国，562 项）、先正达公司（瑞士、172 项）、拜耳作物科学（美国，79 项）、孟山都公司（美国，59 项）、陶氏化学（美国，31 项）、中国农业大学（中国，21 项）等。杜邦公司的专利数量占该技术领域专利数量的近一半，说明该机构在单倍体育种技术方面有着绝对的优势。国内机构中，中国农业大学专利数量为 21 项，北京市农林科学院专利数量为 10 项，成都市农林科学院和浙江大学专利数量均为 8 项。

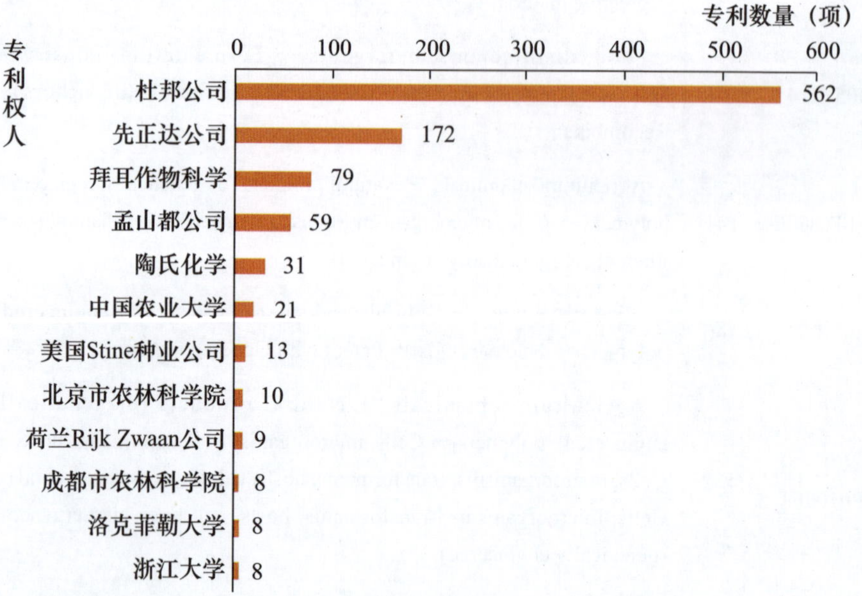
专利数量（项）
0
100
200
300
400
500
600
专利权人
杜邦公司
562
先正达公司
172
拜耳作物科学
79
孟山都公司
59
陶氏化学
31
中国农业大学
21
美国Stine种业公司
13
北京市农林科学院
10
荷兰Rijk Zwaan公司
9
成都市农林科学院
8
洛克菲勒大学
8
浙江大学
8

图 5.3 全球作物分子育种单倍体育种主要专利权人

图 5.4 为全球作物分子育种单倍体育种主要专利权人的专利数量年代趋势，可以看出，陶氏化学为专利申请起步最早的机构，在该领域的研究始于 1988 年，1998 年孟山都公司也开展了相关研究。杜邦公司第一项专利申请于 1995 年，此后专利数量一直不多，但在 2008 年时其专利数量有了迅速增长，2014 年的专利数量则出现了飞跃，此后专利数量一直排名第一，先正达公司、拜耳作物科学分别在 2010 年及 2013 年后专利数量有了一定的增长。

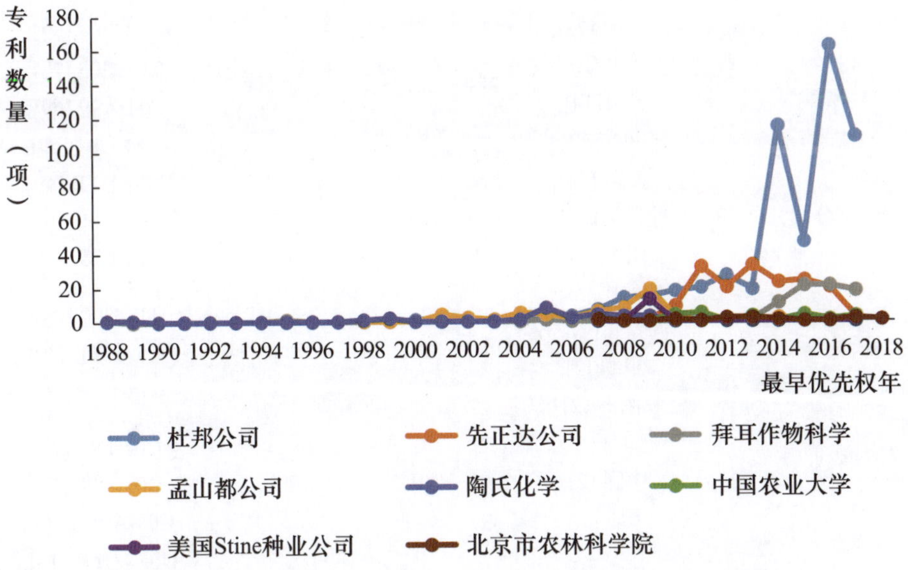
专利数量（项）
180
160
140
120
100
80
60
40
20
0
1988 1990 1992 1994 1996 1998 2000 2002 2004 2006 2008 2010 2012 2014 2016 2018
最早优先权年
杜邦公司
先正达公司
拜耳作物科学
孟山都公司
陶氏化学
中国农业大学
美国Stine种业公司
北京市农林科学院

图 5.4　全球作物分子育种单倍体育种主要专利权人的专利数量年代趋势

5.4.2　单倍体育种主要专利权人的专利技术分布

表 5.4 为全球作物分子育种单倍体育种主要专利权人详细情况。可以看出，杜邦公司、先正达公司、拜耳作物科学、孟山都公司和陶氏化学的专利流向了本国以外的国家 / 地区，说明这几个公司注重本国以外的市场布局。

表 5.4　全球作物分子育种单倍体育种主要专利权人详细情况

专利权人	专利数量（项）	主要流向国家/地区	年代跨度（年）	2016年—2018年专利数量占比	主要德温特手工代码
杜邦公司	562	美国 [492]; 加拿大 [62]; 世界知识产权组织 [8]	1996—2018	50%	C14-U05 [520]; C14-U03 [517]; C14-U04 [516]
先正达公司	172	美国 [156]; 加拿大 [8]; 世界知识产权组织 [8]	2008—2017	17%	D05-H16B [162]; C14-U03 [160]; C14-U04 [159]
拜耳作物科学	79	美国 [73]; 世界知识产权组织 [4]; 欧洲 [2]	1989—2018	61%	C14-U04 [72]; C14-U05 [72]; C04-A99 [69]; C14-U01 [69]
孟山都公司	59	美国 [31]; 世界知识产权组织 [28]	2004—2017	8%	D05-H16B [49]; C04-F0800E [41]; C14-U01 [39]
陶氏化学	31	美国 [25]; 世界知识产权组织 [3]; 欧洲 [2]	1984—2017	3%	D05-H08 [24]; D05-H16B [19]; C14-U04 [18]
中国农业大学	21	中国 [21]	2007—2018	19%	C04-E99 [7]; D05-H08 [6]; C04-A08G1 [6]
美国Stine种业公司	13	美国 [13]	2009—2009	0%	D05-H16B [13]; D05-H08 [13]; C04-A08C2 [13]; D03-F02 [13]; C14-U04 [13]; C04-F08 [13]; C14-U03 [13]; C04-A09 [13]; C14-U01 [13]; C04-A08C2E [13]; C14-S03A [13]; D03-G04 [13]

（续表）

专利权人	专利数量（项）	主要流向国家/地区	年代跨度（年）	2016年—2018年专利数量占比	主要德温特手工代码
北京市农林科学院	10	中国 [10]	2007—2018	30%	D05-H08 [4]; C04-A08G1 [4]; C04-A99 [3]
荷兰Rijk Zwaan公司	9	世界知识产权组织 [7]	2002—2016	22%	D05-H16B [4]; C04-A0800E [4]; D05-H08 [3]; C04-A99 [3]; C04-A09 [3]
成都市农林科学院	8	中国 [8]	2016—2017	100%	D05-H08B [7]; C04-A08G2 [6]; T04-K03D [4]
洛克菲勒大学	8	美国 [8]	2001—2013	0%	D05-H16B [7]; C04-A0800E [6]; C04-E99 [5]
浙江大学	8	中国 [8]	2009—2018	75%	C04-A08G1 [2]; D05-H08B [2]

5.4.3 基因编辑主要专利权人及专利年代趋势

图 5.5 为全球作物分子育种基因编辑专利的主要专利权人，专利数量排名 TOP10 的机构均来自美国和中国，专利数量最多的机构是杜邦公司（43 项），排名第二的是哈佛大学（32 项），排名第三的是中国科学院遗传与发育生物学研究所（29 项）。排名 TOP10 的机构专利数量占该领域总专利数量的 39.74%，说明该技术的研究还比较分散，各个研究机构都没有占据绝对优势。中国机构中，中国科学院遗传与发育生物学研究所、中国农业科学院作物科学研究所和安徽省农业科学院的专利数量较多。图 5.6 为全球作物分子育种基因编辑主要专利权人的专利数量年代趋势，陶氏化学和美国 Sangamo 公司是该领域申请专利最早的机构，但陶氏化学 2011 年的专利数量为 0，2012 年才又有专利申请，美国 Sangamo 公司

2012 年后的专利数量有所下降。杜邦公司、哈佛大学、中国科学院遗传与发育生物学研究所等机构近几年专利数量有所上升，可见基因编辑在作物分子育种领域是较热门的技术。

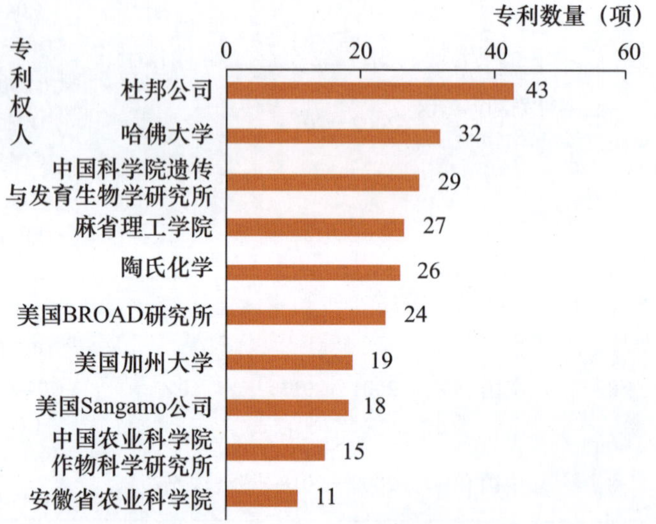
专利数量（项）
0
20
40
60
专利权人
杜邦公司
43
哈佛大学
32
中国科学院遗传与发育生物学研究所
29
麻省理工学院
27
陶氏化学
26
美国BROAD研究所
24
美国加州大学
19
美国Sangamo公司
18
中国农业科学院作物科学研究所
15
安徽省农业科学院
11

图 5.5　全球作物分子育种基因编辑专利的主要专利权人

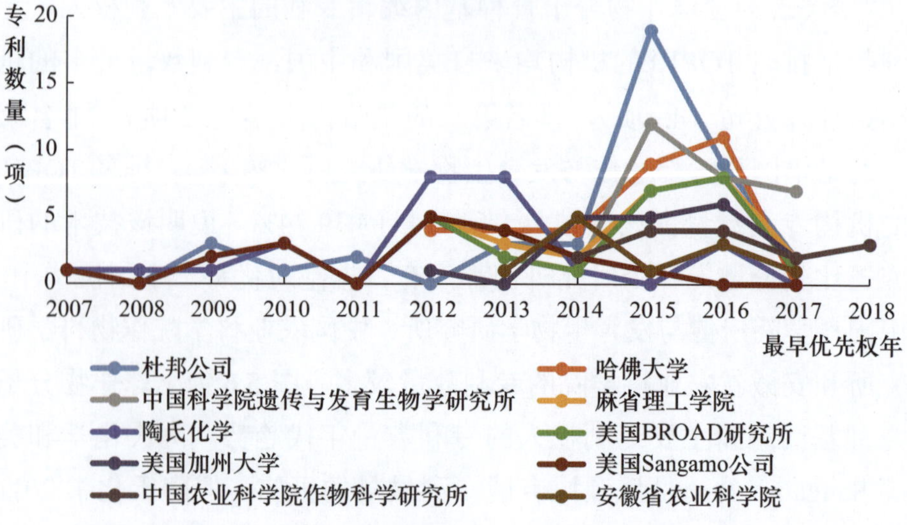
专利数量（项）
20
15
10
5
0
2007
2008
2009
2010
2011
2012
2013
2014
2015
2016
2017
2018
最早优先权年
杜邦公司
哈佛大学
中国科学院遗传与发育生物学研究所
麻省理工学院
陶氏化学
美国BROAD研究所
美国加州大学
美国Sangamo公司
中国农业科学院作物科学研究所
安徽省农业科学院

图 5.6　全球作物分子育种基因编辑主要专利权人的专利数量年代趋势

5.4.4　基因编辑主要专利权人的专利技术分布

表 5.5 为全球作物分子育种基因编辑主要专利权人详细情况。可以看出，这些机构均在本国申请了一定数量的专利，除安徽省农业科学院之外，其他机构都申请了 PCT 专利，美国机构 PCT 专利数量更多，可见美国更注重技术的全球布局和保护。

表 5.5　全球作物分子育种基因编辑主要专利权人详细情况

专利权人	专利数量（项）	主要流向国家/地区	年代跨度（年）	2016年—2018年专利数量占比	主要德温特手工代码
杜邦公司	43	世界知识产权组织 [31]; 美国 [12]	2008—2018	70%	C04-E99 [34]; D05-H16B [28]; D05-H99 [25]
哈佛大学	32	世界知识产权组织 [25]; 美国 [6]	2013—2017	66%	C04-F0100E [21]; D05-H14 [20]; B04-F0100E [20]
中国科学院遗传与发育生物学研究所	29	中国 [19]; 世界知识产权组织 [10]	2013—2018	90%	C04-E99 [24]; D05-H99 [21]; D05-H16B [21]
麻省理工学院	27	世界知识产权组织 [21]; 美国 [5]	2013—2018	63%	C04-F0100E [18]; D05-H12E [17]; D05-H14 [17]
陶氏化学	26	世界知识产权组织 [18]; 美国 [8]	2008—2017	15%	D05-H16B [20]; C04-E99 [17]; C14-U04 [15]; C04-F0800E [15]
美国BROAD研究所	24	世界知识产权组织 [19]; 美国 [4]	2013—2018	67%	D05-H12E [16]; D05-H19C [15]; D05-H14 [15]; C04-F0100E [15]; C04-E08 [15]

（续表）

专利权人	专利数量（项）	主要流向国家/地区	年代跨度（年）	2016年—2018年专利数量占比	主要德温特手工代码
美国加州大学	19	世界知识产权组织 [17]; 美国 [2]	2013—2018	68%	C04-E99 [12]; B04-E99 [11]; D05-H99 [10]
美国Sangamo公司	18	世界知识产权组织 [12]; 美国 [6]	2008—2016	6%	C04-E99 [8]; C04-F0100E [8]; D05-H14 [7]; C14-U03 [7]; C14-U01 [7]
中国农业科学院作物科学研究所	15	中国 [13]; 世界知识产权组织 [2]	2014—2018	67%	C04-E99 [14]; C04-E08 [10]; D05-H99 [10]; C04-E13 [10]
安徽省农业科学院	11	中国 [11]	2013—2017	36%	C04-E99 [8]; C04-A08G1E [7]; D05-H18 [5]

5.4.5 CRISPR 主要专利权人及专利年代趋势

如图 5.7 所示，全球作物分子育种 CRISPR 的主要专利权人包括哈佛大学（美国，39 项）、杜邦公司（美国，37 项）、麻省理工学院（美国，30 项）、美国 BROAD 研究所（美国，29 项）、中国科学院遗传与发育生物学研究所（中国，27 项）等，TOP15 的专利权人中来自美国和中国的专利权人占大多数，说明该技术主要掌握在这些专利权人手中。

图 5.8 为全球作物分子育种 CRISPR 主要专利权人的专利数量年代趋势，可以看出各机构在 2016 年—2018 年相关专利申请均呈现上升趋势。杜邦公司是最早申请该技术相关专利的机构，其年度专利数量也保持在比较领先的水平，特别是在 2014 年—2015 年其专利数量增长较快，2015 年其专利数量为 17 项。中国科学院遗传

与发育生物学研究所、中国农业科学院作物科学研究所等中国专利权人在该项技术领域的专利数量也呈现逐年上升的趋势。

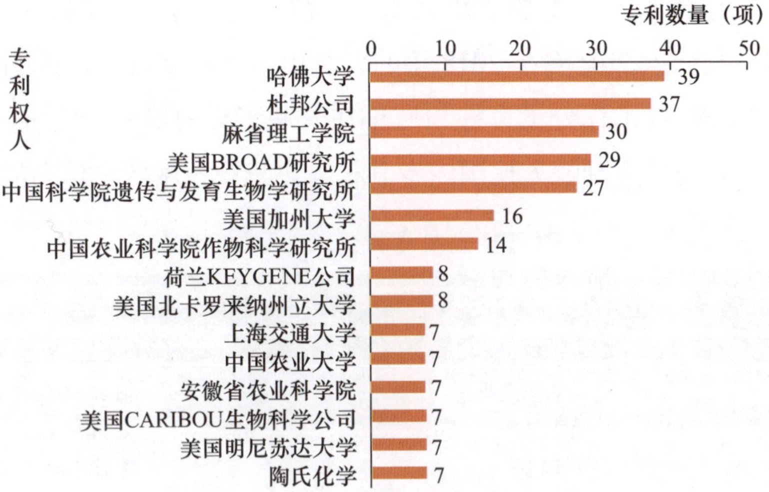
专利数量（项）
0
10
20
30
40
50
专利权人
哈佛大学 39
杜邦公司 37
麻省理工学院 30
美国BROAD研究所 29
中国科学院遗传与发育生物学研究所 27
美国加州大学 16
中国农业科学院作物科学研究所 14
荷兰KEYGENE公司 8
美国北卡罗来纳州立大学 8
上海交通大学 7
中国农业大学 7
安徽省农业科学院 7
美国CARIBOU生物科学公司 7
美国明尼苏达大学 7
陶氏化学 7

图 5.7　全球作物分子育种 CRISPR 的主要专利权人

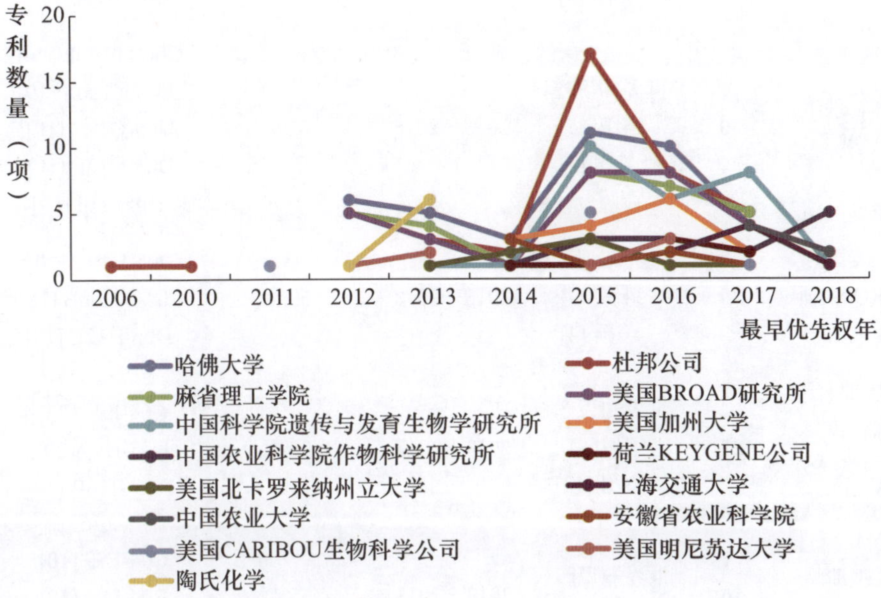
专利数量（项）
20
15
10
5
0
2006
2010
2011
2012
2013
2014
2015
2016
2017
2018
最早优先权年
哈佛大学
杜邦公司
麻省理工学院
美国BROAD研究所
中国科学院遗传与发育生物学研究所
美国加州大学
中国农业科学院作物科学研究所
荷兰KEYGENE公司
美国北卡罗来纳州立大学
上海交通大学
中国农业大学
安徽省农业科学院
美国CARIBOU生物科学公司
美国明尼苏达大学
陶氏化学

图 5.8　全球作物分子育种 CRISPR 主要专利权人的专利数量年代趋势

5.4.6 CRISPR 主要专利权人的专利技术分布

表 5.6 为 CRISPR 主要专利权人的专利技术分布。可以看出，中国科学院遗传与发育生物学研究所、上海交通大学、中国农业大学等中国专利权人 2016 年—2018 年的专利申请活跃度较高，说明中国针对 CRISPR 技术在分子育种领域正在开展密集的研究。哈佛大学、杜邦公司等海外专利权人比国内专利权人更重视技术的全球布局。

表 5.6 CRISPR 主要专利权人的专利技术分布

专利权人	专利数量（项）	主要流向国家/地区	年代跨度（年）	2016年—2018年专利数量占比	主要德温特手工代码
哈佛大学	39	世界知识产权组织[32]；美国 [6]	2013—2018	67%	B04-F0100E [27]；C04-F0100E [27]；D05-H14 [26]
杜邦公司	37	世界知识产权组织[30]；美国 [7]	2007—2018	84%	C04-E99 [30]；D05-H99 [25]；D05-H19C [21]
麻省理工学院	30	世界知识产权组织[25]；美国 [4]	2013—2018	67%	C04-F0100E [20]；B04-F0100E [19]；D05-H19C [19]；D05-H12E [19]；D05-H14 [19]
美国BROAD研究所	29	世界知识产权组织[24]；美国 [4]	2013—2018	69%	D05-H19C [20]；C04-F0100E [18]；D05-H12E [18]
中国科学院遗传与发育生物学研究所	27	世界知识产权组织[14]；中国 [13]	2013—2018	93%	C04-E99 [23]；D05-H99 [20]；D05-H16B [19]
美国加州大学	16	世界知识产权组织[16]	2013—2018	75%	C04-E99 [10]；B04-E99 [10]；D05-H99 [9]

（续表）

专利权人	专利数量（项）	主要流向国家/地区	年代跨度（年）	2016年—2018年专利数量占比	主要德温特手工代码
中国农业科学院作物科学研究所	14	中国 [13]	2014—2018	71%	C04-E99 [13]; C04-E13 [11]; D05-H99 [10]
荷兰 KEYGENE 公司	8	世界知识产权组织 [8]	2013—2018	75%	C04-E99 [7]; C04-E13 [7]; C04-F0800E [7]
美国北卡罗来纳州立大学	8	世界知识产权组织 [8]	2014—2018	62%	B04-E99 [6]; C04-E99 [5]; B04-E13 [4]; D05 H12E [4]; B04-E08 [4]
上海交通大学	7	中国 [7]	2016—2018	100%	C04-E99 [5]; P13-B01 [5]; D05-H19C [5]; C04-E13 [5]; P13-E03 [5]
中国农业大学	7	中国 [5]; 世界知识产权组织 [2]	2015—2018	86%	C04-E99 [7]; D05-H99 [7]; D05-H19C [6]; C04-E13 [6]; P13-B02 [6]
安徽省农业科学院	7	中国 [7]	2014—2017	43%	C04-E99 [6]; C04-A08G1E [5]; P13-E03 [4]; C04-E08 [4]; D05-H12E [4]; D05-H18 [4]
美国 CARIBOU 生物科学公司	7	美国 [6]	2012—2018	86%	B04-L05A2 [6]; B04-E99 [6]; B04-E13 [6]; B04-F0100E [6]; D05-H19C [6]

（续表）

专利权人	专利数量（项）	主要流向国家/地区	年代跨度（年）	2016年—2018年专利数量占比	主要德温特手工代码
美国明尼苏达大学	7	世界知识产权组织 [6]	2013—2017	57%	C04-F0800E [5]; D05-H19C [4]; C04-E99 [4]
陶氏化学	7	世界知识产权组织 [5]; 美国 [2]	2013—2014	0%	C04-F0800E [6]; D05-H16B [6]; C04-E99 [4]; D05-H14B3 [4]; C14-U04 [4]; C04-A08G1E [4]

5.5 全球作物分子育种高价值专利

基于 incoPat 专利分析平台的专利价值与被引次数，从全球作物分子育种新技术专利中，筛选出被引次数大于 10 次同时合享价值度为 10 分的专利，得到各技术的高价值专利列表，表中除列出了各专利的基本信息之外，还列出了权利要求数量、同族专利数量等信息。

5.5.1 单倍体育种高价值专利

表 5.7 统计了全球作物分子育种单倍体育种的高价值专利（共 58 件），其中孟山都公司有 24 件高价值专利，技术优势明显。

5.5.2 基因编辑技术高价值专利

表 5.8 统计了全球作物分子育种基因编辑的高价值专利，各个专利权人的专利数量较平均，可见该技术的研究目前比较分散。

5.5.3 CRISPR 高价值专利

表 5.9 统计了全球作物分子育种 CRISPR 的高价值专利，各个专利权人的专利数量较平均，可见该技术的研究目前比较分散。

表 5.7　全球作物分子育种单倍体育种的高价值专利

专利公开号	标题	申请年	专利权人	权利要求数量（件）	inpadoc同族专利数量（件）
US5272072A	Transforming monocotyledonous plants by culturing anthers and transducing genetic substance into microspore through pore formed with laser	1991	札幌啤酒公司	8	9
EP636310A1	Section of haploid(s) or double haploid(s) in plant breeding using a dominant selectable or screenable marker gene or a dominant conditional lethal gene	1994	瑞士诺华公司	22	20
US5639951A	Section of haploid(s) or double haploid(s) in plant breeding using a dominant selectable or screenable marker gene or a dominant conditional lethal gene	1994	瑞士诺华公司	23	20
US5547866A	Taxane prodn. by culturing haploid Taxus cells partic. in nitrate-free medium and with release of cell bound taxane by enzymatic treatment, partic. for recovering taxol	1994	美国加州大学	10	6
US5749169A	Ascertaining gene function in plants for identification and selection of andro-genetic haploid(s), e.g. quantitative characters, esp. in maize plants	1995	杜邦公司	8	17

（续表）

专利公开号	标题	申请年	专利权人	权利要求数量（件）	inpadoc同族专利数量（件）
US6316694B1	Transformed embryogenic micro-spores able to develop into non-chimeric embryos transformed using Agrobacterium tumefaciens and contg. inserted gene, also transgenic plants developed from them, esp. Brassicaceae, with e.g. herbicide resistance	1997	安万特制药公司；拜耳作物科学	8	11
US6303849B1	New Brassica juncea lines which produce an oil similar to canola oil, are suitable for growing in harsher environments than conventional canola species and exhibit resistance to blackleg	1998	加拿大政府；萨斯喀彻温小麦联营集团	4	3
US6340784B1	New Brassica plants having elevated levels of anticarcinogenic 4-methylsulfinylbutyl glucosinolates (4MSBG), or 3-methylsulfinylpropyl glucosinolates (3MSPG)	1999	PBL公司	19	20
US6362393B1	Production of double haploid and/or haploid plants from microspores comprises subjecting to temperature stress, contact with sporophytic development inducer and co-culturing with ovary-conditioned medium or live plant ovary	1999	陶氏化学	36	10

（续表）

专利公开号	标题	申请年	专利权人	权利要求数量（件）	inpadoc同族专利数量（件）
US6991900B2	Identifying essential gene in haploid prokaryotes by using a bacterial artificial chromosome cloning system for constructing merodiploid cell and delivering bacterial transposon for knockout mutagenesis to the cell	2001	加州理工学院	54	4
US6780593B1	Mapping DNA molecules, useful e.g. for identifying genes associated with inherited diseases, involves two-stage amplification of genomic DNA and detection of markers	2002	法国国家研究中心	20	12
WO2002085104A2	Transformation method, for producing homozygous plants used for product development and plant commercialization, by stably transforming a plant cell with a polynucleotide of interest and treating with a chromosome-doubling agent	2002	杜邦公司	55	12
US7135615B2	Doubling chromosome in plants e.g. grasses, maize, involves treating starting plant with selected pressure of nitrous oxide gas during plant development and self pollinating the plant	2002	密苏里大学	44	5

（续表）

专利公开号	标题	申请年	专利权人	权利要求数量（件）	inpadoc同族专利数量（件）
WO2003017753A2	Efficiently producing homozygous organisms from a heterozygous starting organism, e.g. animal or plant, useful for plant breeding, comprises creating homozygous organisms from the haploid cells produced by the starting organism	2002	荷兰Rijk Zwaan公司	45	27
US20030186374A1	New multi-chain polypeptide eukaryotic display vector comprising a first and second polynucleotide, useful as a tool for identifying molecules possessing biological activities	2002	DYAX公司	98	39
WO2003029456A1	New multi-chain polypeptide eukaryotic display vector comprising a first and second polynucleotide, useful as a tool for identifying molecules possessing biological activities	2002	DYAX公司	97	39
WO2003041491A2	Regenerating plants comprises providing callus from a plant, growing callus on high osmotic induction media, regeneration media for regenerating shoots, and on elongation media for elongating shoots	2002	AGRECORE UNITED；UNITED GRAIN GROWERS公司	36	6

（续表）

专利公开号	标题	申请年	专利权人	权利要求数量（件）	inpadoc同族专利数量（件）
US6965062B2	Novel seed of tobacco cultivar designated NC 2000, useful for producing tobacco plants that are resistant to blue mole caused by the fungal pathogen peronospora tabacina adam	2002	北卡罗来纳州立大学	34	2
US7148402B2	Promoting somatic embryogenesis from a plant cell, tissue, organ, callus, or cell culture, by overexpressing a PGA37 gene in the plant cell, tissue, organ, callus, or cell culture	2004	洛克菲勒大学	65	9
US7579529B2	Novel ovule development protein 2 (ODP2) polypeptide, useful for altering oil content in plant, increasing transformation efficiencies, modulating stress tolerance, and modulating regenerative capacity of plant	2005	杜邦公司	30	19
WO2005075655A2	Novel ovule development protein 2 (ODP2) polypeptide, useful for altering oil content in plant, increasing transformation efficiencies, modulating stress tolerance, and modulating regenerative capacity of plant	2005	杜邦公司	42	19

（续表）

专利公开号	标题	申请年	专利权人	权利要求数量（件）	inpadoc同族专利数量（件）
WO2006069017A2	New plant cell with stably integrated, recombinant DNA comprises a promoter operably linked to DNA encoding a protein that exceed the Pfam gathering cutoff, for producing transgenic plants having enhanced trait, e.g. increased yield	2005	孟山都公司	16	22
WO2006046861A2	Detecting a quantitative resistance locus (QTL) associated with Botrytis-resistance in tomato comprises crossing a Botrytis-resistant donor tomato plant with a non-resistant, or Botrytis-susceptible, recipient tomato plant	2005	DE RUITER SEEDS R & D公司；孟山都公司	28	34
WO2007078280A2	New plant cell with stably integrated, recombinant DNA comprising a promoter operably linked to DNA encoding a protein that exceeds the Pfam gathering cutoff, useful for producing transgenic plants with enhanced agronomic traits	2005	孟山都公司	41	8
WO2006076423A2	New plant cell with stably integrated, recombinant DNA, useful for developing transgenic crop plants with enhanced water use efficiency or enhanced nitrogen use efficiency	2006	孟山都公司	21	11

（续表）

专利公开号	标题	申请年	专利权人	权利要求数量（件）	inpadoc同族专利数量（件）
US20070124833A1	New plant cell nucleus having stably integrated recombinant DNA with promoter functional in plant cell and operably linked to DNA, useful for growing corn, cotton, soybean, or wheat, without irrigation water/nitrogen fertilizer	2006	孟山都公司	24	13
WO2006138005A2	New plant cell nucleus having stably integrated recombinant DNA with promoter functional in plant cell and operably linked to DNA, useful for growing corn, cotton, soybean, or wheat, without irrigation water/nitrogen fertilizer	2006	孟山都公司	40	13
US20080301839A1	New plant cell with stably integrated, recombinant DNA comprising a promoter, useful for developing plants with enhanced agronomic traits	2006	孟山都公司	34	6
WO2007027866A2	New plant cell with stably integrated, recombinant DNA comprising a promoter, useful for developing plants with enhanced agronomic traits	2006	孟山都公司	33	6
US7915502B1	New seed of sunflower inbred line CN1229R, used for developing further sunflower lines and hybrids with desired traits, e.g. male sterility, herbicide resistance, insect resistance, and resistance to bacterial, fungal and viral disease	2006	陶氏化学	61	1

（续表）

专利公开号	标题	申请年	专利权人	权利要求数量（件）	inpadoc同族专利数量（件）
US7703238B2	High-throughput, non-destructive method for analyzing individual seeds comprises analyzing the sample for the presence or absence of characteristics indicative of genetic or chemical trait	2007	孟山都公司	21	21
WO2007103786A2	High-throughput, non-destructive method for analyzing individual seeds comprises analyzing the sample for the presence or absence of characteristics indicative of genetic or chemical trait	2007	孟山都公司	33	21
WO2008070179A2	New plant cell nucleus, useful for manufacturing non-natural, transgenic seed for use in producing a crop of transgenic plants with an enhanced trait, e.g., enhanced water or nitrogen use efficiency or enhanced cold or heat tolerance	2007	孟山都公司	27	8
US20090100536A1	Novel plant cell nucleus stably integrated with recombinant DNA having promoter operably linked to DNA encoding amino acid sequence having Pfam domain module, useful for generating transgenic plant cell, seed or plant e.g. corn	2007	孟山都公司	12	4

（续表）

专利公开号	标题	申请年	专利权人	权利要求数量（件）	inpadoc同族专利数量（件）
US7820889B1	New seed of corn inbred line designated LLD19BM or its part, useful to produce inbred corn plant (having the desired trait e.g. herbicide resistance and resistance to bacterial disease), which is useful in e.g. regenerating corn plant	2007	陶氏化学	51	1
US20090199308A1	New plant cell with stably integrated, recombinant DNA comprising a promoter, useful for developing plants with enhanced agronomic traits	2008	孟山都公司	20	3
US20090064361A1	Associating genotype with phenotype using a haploid plant comprises assaying genotype of haploid plant with genetic marker and associating the marker with phenotypic trait	2008	孟山都公司	30	34
WO2009029771A2	Associating genotype with phenotype using a haploid plant comprises assaying genotype of haploid plant with genetic marker and associating the marker with phenotypic trait	2008	孟山都公司	93	34

（续表）

专利公开号	标题	申请年	专利权人	权利要求数量（件）	inpadoc同族专利数量（件）
WO2009073069A2	New plant cell nucleus with stably-integrated, recombinant DNA that is operably linked to protein coding DNA encoding a protein comprising a Pfam domain module, useful for manufacturing transgenic plants with an enhanced trait	2008	孟山都公司	22	5
WO2009091518A2	New recombinant DNA construct comprises polynucleotide encoding a protein, useful for manufacturing non-natural, transgenic seed that can be used to produce a crop of transgenic plants with an enhanced trait, and producing hybrid corn seed	2009	孟山都公司	24	4
US2009299645A1	Determining predisposition or carrier status of an individual for phenotypes by identifying genetic variants by nucleic acid array or sequencing apparatus and using a computer to determine the predisposition or carrier status	2009	EXISTENCE GENETICS公司	95	11
US2009307179A1	Determining predisposition or carrier status of an individual for phenotypes by identifying genetic variants by nucleic acid array or sequencing apparatus and using a computer to determine the predisposition or carrier status	2009	EXISTENCE GENETICS公司	136	11

（续表）

专利公开号	标题	申请年	专利权人	权利要求数量（件）	inpadoc同族专利数量（件）
US20090307180A1	Determining predisposition or carrier status of an individual for phenotypes by identifying genetic variants by nucleic acid array or sequencing apparatus and using a computer to determine the predisposition or carrier status	2009	EXISTENCE GENETICS公司	93	11
US20090307181A1	Determining predisposition or carrier status of an individual for phenotypes by identifying genetic variants by nucleic acid array or sequencing apparatus and using a computer to determine the predisposition or carrier status	2009	EXISTENCE GENETICS公司	77	11
WO2009117122A2	Determining predisposition or carrier status of an individual for phenotypes by identifying genetic variants by nucleic acid array or sequencing apparatus and using a computer to determine the predisposition or carrier status	2009	EXISTENCE GENETICS公司	456	11
WO2009126462A2	Increasing the germination rate of a seed, comprises contacting the seed with dicamba or a product of dicamba monooxygenase (DMO)-mediated metabolism in an amount that improves the germination of the seed	2009	孟山都公司	52	14

（续表）

专利公开号	标题	申请年	专利权人	权利要求数量（件）	inpadoc同族专利数量（件）
WO2010039750A2	New recombinant DNA construct useful for producing transgenic seed e.g. corn, soybean, cotton or sugar beet plant, comprises polynucleotide encoding protein	2009	孟山都公司	29	5
WO2010042575A1	New recombinant DNA construct useful for producing transgenic plants with enhanced agronomic traits comprises a promoter that is linked to a polynucleotide that is transcribed into RNA that suppresses expression of a specific protein	2009	孟山都公司	37	4
US8071848B2	New seed of canola line SCV218328, useful e.g. to prepare meal, to extract unblended canola oil, and to produce plants with desired traits e.g. male sterility, herbicide tolerance, insect and pest resistance, modified fatty acid metabolism	2009	孟山都公司	25	4
US7902432B1	New maize variety X7H305 produced by crossing a first plant of variety GE2093977 with a second plant of variety GE5163906, useful e.g. for producing seed, plant or plant part with e.g. herbicide resistance, and hybrid seeds and plants	2009	杜邦公司	20	1

（续表）

专利公开号	标题	申请年	专利权人	权利要求数量（件）	inpadoc同族专利数量（件）
US7902433B1	New maize variety X7H205 produced by crossing a first plant of variety GE2527270 with a second plant of variety GE7143418, useful e.g. for producing seed, plant or plant part with e.g. herbicide resistance, and hybrid seeds and plants	2009	杜邦公司	20	1
US8163981B1	New plant or its part of soybean variety XB38Y09 useful in a tissue culture, to develop second soybean plant, and produce soybean plant containing locus conversion conferring trait e.g. herbicide resistance and double haploid plants	2009	杜邦公司	20	1
US9029636B2	New recombinant DNA construct comprises a polynucleotide encoding a protein from soy, useful for developing transgenic plants with desired traits, e.g. enhanced water use efficiency, enhanced cold tolerance, and increased yield	2010	孟山都公司	23	7
US7941969B2	Analyzing population of haploid seeds e.g. apple seed, by removing tissue samples from seeds using automated seed sampler system and analyzing samples for presence or absence of genetic or chemical trait e.g. haplotype and proteins	2010	孟山都公司	42	21

（续表）

专利公开号	标题	申请年	专利权人	权利要求数量（件）	inpadoc同族专利数量（件）
WO2011044132A1	New transgenic plant comprising a heterologous transgene expression cassette, useful for developing further transgenic plants with desired traits, e.g. improved disease resistances and yields	2010	美国加州大学	8	17
US8312672B2	Analyzing population of haploid seeds, involves removing tissue from individual seed in population of haploid seeds and analyzing removed tissue for presence or absence of one or more traits of interest	2011	孟山都公司	26	21
US8609961B2	New seed of maize plant NPFB7193, representative seed of the plant having been deposited under ATCC Accession Number PTA-12000, for developing maize plant in maize plant breeding program, and for producing commodity plant product	2011	先正达公司	19	2
US8466355B1	New seed of inbred maize variety NPDC6326 useful for producing hybrid maize plant, plant part, or plant cell with improved trait e.g. male sterility, insect resistance, nematode resistance, and bacterial and viral disease resistance	2011	先正达公司	19	1

表 5.8　全球作物分子育种基因编辑的高价值专利

专利公开号	标题	申请年	专利权人	权利要求数量（件）	inpadoc同族专利数量（件）
WO2009006297A2	Altering a monocot plant cell genome, comprises contacting a monocot plant cell, selecting cells, identifying cells, and recovering a fertile monocot plant having an alteration in its genome	2008	杜邦公司	41	10
WO2009042164A1	New engineered zinc finger protein (ZFP) targeting 5-enolpyruvyl shikimate-3-phosphate synthase (EPSPS), useful for developing herbicide glyphosate tolerant transgenic plant	2008	美国Sangamo公司；陶氏化学	51	31
WO2011017315A2	Composition to transfect exogenous DNA into chromosomal DNA of cell comprises nucleoprotein filament of probe with double-stranded DNA complementary to chromosomal DNA site/proteinaceous fusion molecule with recombinase/DNA-binding domains	2010	RECOMBINETICS公司	31	13
WO2011049627A1	New non-naturally occurring zinc finger protein capable of modulating expression of endogenous plant gene, useful for producing transgenic plant for extracting oil containing reduced saturated fat content from seed	2010	美国Sangamo公司；陶氏化学	17	39

（续表）

专利公开号	标题	申请年	专利权人	权利要求数量（件）	inpadoc同族专利数量（件）
US8586363B2	Modifying genetic material of cell for making genetically modified organisms such as fungi and nematodes involves introducing transcription activator-like effector-DNA modifying enzyme into cell containing target DNA sequence	2010	明尼苏达大学；爱荷华州立大学研究基金会公司	23	45
WO2011072246A2	Modifying genetic material of cell for making genetically modified organisms such as fungi and nematodes involves introducing transcription activator-like effector-DNA modifying enzyme into cell containing target DNA sequence	2010	明尼苏达大学；爱荷华州立大学研究基金会公司	242	45
WO2011078665A1	Introducing molecules of interest in a plant cell proTOPlast by providing the plant cell proTOPlast by enzymatically degrading or removing the cell wall from a plant cell, and performing transfection of the plant cell proTOPlast	2010	荷兰Keygene公司	65	25
WO2011100058A1	New linear nucleic acid molecule that comprises double-stranded sequence of interest e.g. antibody having first and second ends, and first single-stranded nucleotide at first end of double-stranded sequence, for integrating in cell genome	2011	美国Sangamo公司	13	17

（续表）

专利公开号	标题	申请年	专利权人	权利要求数量（件）	inpadoc同族专利数量（件）
WO2012054726A1	New nucleic acid useful for modulating resistance of cell, comprises Lactococcus clustered regularly interspaced short palindromic repeat (CRISPR) region, Lactococcus CRISPR spacer region, and/or Lactococcus CRISPR-associated gene	2011	杜邦公司	60	12
WO2012129373A2	Complex transgenic trait locus within a plant used in plant breeding comprises two altered target sequences that originate from target sequence recognized and cleaved by double-strand break-inducing agent, linked to a polynucleotide	2012	杜邦公司	106	12
WO2012138927A2	Compact transcription activator-like effector nucleases monomer comprises core transcription activator like effector scaffold of repeat variable dipeptide regions, catalytic domain is capable of processing DNA base pairs and peptidic linker	2012	CELLECTIS 公司	112	23
WO2013098244A1	New clustered regularly interspaced short palindromic repeat associated complex comprising protein subunits having specified amino acids, useful for antiviral defence	2012	美国CARIBOU生物科学公司；瓦赫宁根大学及研究中心	45	34

（续表）

专利公开号	标题	申请年	专利权人	权利要求数量（件）	inpadoc同族专利数量（件）
WO2013166315A1	New plant comprising plant cell in which an endogenous malate dehydrogenase gene is modified such that activity of an expressed malate dehydrogenase protein for increasing crop yield e.g. increased amount of fruit yield	2013	美国Sangamo公司；陶氏化学	17	23
US20140068797A1	New DNA-targeting RNA useful for e.g. performing site-specific modification of target DNA, comprises first segment which has specific base pair sequence, and second segment that interacts with site-directed modifying polypeptide	2013	维也纳大学；美国加州大学	155	86
WO2013176772A1	New DNA-targeting RNA useful for e.g. performing site-specific modification of target DNA, comprises first segment which has specific base pair sequence, and second segment that interacts with site-directed modifying polypeptide	2013	维也纳大学；美国加州大学	152	86
WO2013181440A1	Composition used to treat genetic disorder comprises MiniVector having nucleic acid sequence template for homology-directed sequence repair, alteration or replacement and lacks bacterial origin of replication and antibiotic selection gene	2013	贝勒医学院；华盛顿大学	35	12

（续表）

专利公开号	标题	申请年	专利权人	权利要求数量（件）	inpadoc同族专利数量（件）
WO2014039872A1	Making transgenic plant cell involves transforming plant cell with donor nucleic acid molecule and site specific nuclease nucleic acid molecule, cleaving site specific nuclease recognition site and integrating donor nucleic acid molecule	2013	陶氏化学	36	22
WO2014039702A2	Modifying a 12-desaturase (FAD2) gene in a soybean cell comprises cleaving, in a site specific manner, a target site in a FAD2 gene in a soybean cell	2013	美国Sangamo公司；陶氏化学	15	52
WO2014039692A2	Modifying genome of a cell involves cleaving, in a site specific matter, target site in specific fatty acid desaturase gene in a cell, to thus generate a break in the specific gene, where the gene is modified following cleavage	2013	美国Sangamo公司；陶氏化学	21	52
WO2014039684A1	Modifying the genome of a cell comprises cleaving, in a site specific matter, a target site in a fatty acid desaturase 3 gene in a cell	2013	美国Sangamo公司；陶氏化学	21	22
WO2014065596A1	Composition, useful to cleave target DNA in eukaryotic cells/organisms ex vivo/in vivo, includes guide RNA specific for target DNA or DNA that encodes guide RNA, and cellular apoptosis susceptibility protein-encoding nucleic acid	2013	TOOLGEN 公司	57	33

（续表）

专利公开号	标题	申请年	专利权人	权利要求数量（件）	inpadoc同族专利数量（件）
WO2014089290A1	Isolated endonuclease for modifying chromosomal sequence in eukaryotic cell, comprises nuclear localization signals, nuclease domains, domains that interacts with guide RNA to target endonuclease to specific nucleotide sequence for cleavage	2013	SIGMA-ALDRICH公司	48	48
WO2014093635A1	Composition used in ex vivo gene or genome editing and modifying a target sequence comprises a vector system comprising CRISPR-Cas system chimeric RNA polynucleotide sequence	2013	哈佛大学；美国BROAD研究所；麻省理工学院	65	31
US20140294773A1	New clustered regularly interspaced short palindromic repeat associated complex comprising protein subunits having specified amino acids, useful for antiviral defence	2014	美国CARIBOU生物科学公司；瓦赫宁根大学及研究中心	199	34
US20150024499A1	New clustered regularly interspaced short palindromic repeat associated complex comprising protein subunits having specified amino acids, useful for antiviral defence	2014	美国CARIBOU生物科学公司；瓦赫宁根大学及研究中心	31	34
WO2014127287A1	In vivo targeted mutagenesis to form e.g. human stem cell with mutated germline involves introducing damage in preselected DNA region, biasing repair by targeting pathway requiring long-range resectioning and mutating single stranded region	2014	麻省理工学院	70	2

（续表）

专利公开号	标题	申请年	专利权人	权利要求数量（件）	inpadoc同族专利数量（件）
WO2014144155A1	Modifying the genomic material in a plant cell by introducing into the cell a nucleic acid comprising a clustered regularly interspaced short palindromic repeat (CRISPR) RNA (crRNA) and a trans-activating crRNA (tracrRNA)	2014	明尼苏达大学	26	11
WO2014165612A2	New plant cell comprising a targeted genomic modification to allele of endogenous gene in plant cell useful to produce plant e.g. wheat and maize, with endogenous genomic modification encoding protein conferring tolerance to sulfonylurea	2014	美国Sangamo公司；陶氏化学	41	15
WO2014191518A1	Inducing nucleic acid cleavage in genetic sequence useful e.g. for generating animal or plant, by selecting nucleic acid targets, engineering specific RNAs, providing trans-activating RNA and cas9 nickase and introducing into cell	2014	CELLECTIS公司	17	10
WO2014204727A1	Genome wide library for knocking out in parallel every gene in genome, comprises unique clustered regularly interspaced short palindromic repeats-Cas system guide sequences that are capable of targeting target sequences in genomic loci	2014	美国 BROAD研究所；麻省理工学院	63	4

（续表）

专利公开号	标题	申请年	专利权人	权利要求数量（件）	inpadoc同族专利数量（件）
WO2015006294A2	Modulating expression of target nucleic acids in cell, involves introducing first foreign nucleic acid encoding RNAs complementary to target nucleic acids, second foreign nucleic acid and third foreign nucleic acid to cell	2014	哈佛大学	39	18
WO2015013583A2	Altering target DNA in cell e.g. eukaryotic cell, yeast cell plant cell, animal cell and somatic cell, involves introducing transcription activator-like effector nucleases lacking repeat sequences having specific base pairs into cell	2014	哈佛大学	133	19
WO2015017866A1	Engineering a cell for a desired phenotype comprises introducing an oligonucleotide library into cells expressing a single-stranded annealing protein and/or recombinase system	2014	ENEVOLV公司	97	6
WO2015026885A1	New guide polynucleotide comprising first nucleotide sequence domain complementary to nucleotide sequence in target DNA and second nucleotide sequence domain interacting with Cas endonuclease, used to modify target site in genome of cell	2014	杜邦公司	36	35

（续表）

专利公开号	标题	申请年	专利权人	权利要求数量（件）	inpadoc同族专利数量（件）
WO2015026886A1	New guide polynucleotide comprising first nucleotide sequence domain complementary to nucleotide sequence in target DNA and second nucleotide sequence domain interacting with Cas endonuclease, used to modify target site in genome of cell	2014	杜邦公司	25	35
WO2015026887A1	New guide polynucleotide comprising first nucleotide sequence domain complementary to nucleotide sequence in target DNA and second nucleotide sequence domain interacting with Cas endonuclease, used to modify target site in genome of cell	2014	杜邦公司	21	35
US20150082478A1	Selecting a plant comprising altered target site in its plant genome, comprises e.g. crossing first plant comprising clustered regularly interspaced short palindromic repeats-associated endonuclease with second plant, and evaluating progeny	2014	杜邦公司	66	35
WO2015026883A1	Selecting a plant comprising altered target site in its plant genome, comprises e.g. crossing first plant comprising clustered regularly interspaced short palindromic repeats-associated endonuclease with second plant, and evaluating progeny	2014	杜邦公司	49	35

（续表）

专利公开号	标题	申请年	专利权人	权利要求数量（件）	inpadoc同族专利数量（件）
WO2015048577A2	New guide RNA molecule comprising targeting domain that is complementary with target sequence of target nucleic acid of specified gene or pathway, used to alter sequence of target nucleic acid of a cell to treat e.g. cancer, cholera and HIV	2014	EDITAS医药公司	254	3
WO2015066637A1	New polynucleotide donor cassette comprises site specific nuclease binding domain, analytical domain, and plasmid domain, for plant precision transformation, gene targeting, targeted genomic integration and protein expression in plants	2014	陶氏化学	51	17
WO2015071474A2	New single-molecule guide RNA comprising a DNA-targeting segment and a protein-binding segment comprising a trans-activating CRISPR RNA, useful for manipulating DNA in a cell	2014	CRISPR THERAPEUTICS公司	63	10
WO2015089465A1	Modifying an organism or a non-human organism by manipulation of a target hepatitis B virus (HBV) sequence in a genomic locus of interest comprises delivering a non-naturally occurring or engineered composition	2014	洛克菲勒大学；美国BROAD研究所；麻省理工学院	112	12

（续表）

专利公开号	标题	申请年	专利权人	权利要求数量（件）	inpadoc同族专利数量（件）
WO2015095804A1	Selecting host cell competent for homologous recombination, by contacting host cells with e.g. linear nucleic acid capable of homologous recombination with itself, and selecting host cell that expresses selectable marker	2014	AMYRIS 生物科技公司	146	12
WO2015105928A1	Altering eukaryotic germline cell of organism for producing progeny having desired trait, by introducing foreign nucleic acid sequence encoding RNA guided DNA binding protein nuclease and guide RNAs into germline cell and chromosome	2015	哈佛大学	71	11
WO2015131101A1	New recombinant DNA construct comprising a small nuclear RNA promoter, useful for introducing a double-strand break in the genome of a cell and for genome modification	2015	孟山都公司	86	6
WO2015139008A1	Causing genetic change in plant cell, by exposing cell to DNA cutter and modified gene repair oligonucleotide	2015	CIBUS EURO公司	89	10

（续表）

专利公开号	标题	申请年	专利权人	权利要求数量（件）	inpadoc同族专利数量（件）
WO2015148680A1	Engineered genetic system useful in producing an engineered organism for use in preventing or treating skin, gastrointestinal or urinary tract disease and infection, comprises a nuclease module, and a synthetic mobile genetic element module	2015	GINKGO BIOWORKS 公司	35	7
WO2015166272A2	Producing a library of eukaryotic cell clones containing DNA encoding a diverse repertoire of binders by providing donor DNA molecules encoding the binders, and eukaryotic cells, and introducing the donor DNA into the cells	2015	IONTAS公司	87	13

表 5.9　全球作物分子育种 CRISPR 的高价值专利

专利公开号	标题	申请年	专利权人	权利要求计数（件）	inpadoc 同族专利数量（件）
US20100034924A1	New fast acidifying lactic acid bacterium, useful for preparing, or modifying the viscosity of, a food, food additive, feed, nutritional supplement or probiotic supplement	2009	杜邦公司	42	15
WO2012054726A1	New nucleic acid useful for modulating resistance of cell, comprises Lactococcus clustered regularly interspaced short palindromic repeat (CRISPR) region, Lactococcus CRISPR spacer region, and/or Lactococcus CRISPR-associated gene	2011	杜邦公司	50	13
WO2013098244A1	New clustered regularly interspaced short palindromic repeat associated complex comprising protein subunits having specified amino acids, useful for antiviral defence	2012	美国CARIBOU生物科学公司；瓦赫宁根大学及研究中心	45	42
US20140068797A1	New DNA-targeting RNA useful for e.g. performing site-specific modification of target DNA, comprises first segment which has specific base pair sequence, and second segment that interacts with site-directed modifying polypeptide	2013	维也纳大学；美国加州大学	155	118

（续表）

专利公开号	标题	申请年	专利权人	权利要求计数（件）	inpadoc 同族专利数量（件）
WO2013176772A1	New DNA-targeting RNA useful for e.g. performing site-specific modification of target DNA, comprises first segment which has specific base pair sequence, and second segment that interacts with site-directed modifying polypeptide	2013	维也纳大学；美国加州大学	157	118
WO2013181440A1	Composition used to treat genetic disorder comprises MiniVector having nucleic acid sequence template for homology-directed sequence repair, alteration or replacement and lacks bacterial origin of replication and antibiotic selection gene	2013	贝勒医学院；华盛顿大学	35	12
WO2014065596A1	Composition, useful to cleave target DNA in eukaryotic cells/organisms ex vivo/in vivo, includes guide RNA specific for target DNA or DNA that encodes guide RNA, and cellular apoptosis susceptibility protein-encoding nucleic acid	2013	TOOLGEN公司	57	37
WO2014068346A2	New Xanthomonas euvesicatoria resistance gene isolated from Capsicum annuum, having specific nucleotide sequence for generating transgenic plant resistant to a biotic or abiotic factor	2013	MEZOGAZDASAGI BIOTECHNOLOGIAI KUTATOKOEZ；SOFT FLOW HUNGARY KUTATO FEJLESZTOE KFT；TWO BLADES FOUND	52	7

（续表）

专利公开号	标题	申请年	专利权人	权利要求计数（件）	inpadoc 同族专利数量（件）
WO2014089290A1	Isolated endonuclease for modifying chromosomal sequence in eukaryotic cell, comprises nuclear localization signals, nuclease domains, domains that interacts with guide RNA to target endonuclease to specific nucleotide sequence for cleavage	2013	SIGMA-ALDRICH 公司	48	63
WO2014093635A1	Composition used in ex vivo gene or genome editing and modifying a target sequence comprises a vector system comprising CRISPR-Cas system chimeric RNA polynucleotide sequence	2013	哈佛大学；美国 BROAD研究所；麻省理工学院	69	288
WO2014093479A1	Modulating the expression or function of target DNA sequences in a cell, involves expressing a synthetic clustered regularly interspaced short palindromic repeats in a cell comprising the target DNA sequences	2013	蒙大拿州立大学	52	1
WO2014099744A1	Altering eukaryotic cell comprises transfecting eukaryotic cell with nucleic acid encoding RNA complementary to genomic DNA of eukaryotic cell, and transfecting eukaryotic cell with nucleic acid encoding enzyme that interacts with RNA	2013	哈佛大学	14	31

（续表）

专利公开号	标题	申请年	专利权人	权利要求计数（件）	inpadoc 同族专利数量（件）
US20140294773A1	New clustered regularly interspaced short palindromic repeat associated complex comprising protein subunits having specified amino acids, useful for antiviral defence	2014	美国CARIBOU生物科学公司；瓦赫宁根大学及研究中心	199	40
US20150024499A1	New clustered regularly interspaced short palindromic repeat associated complex comprising protein subunits having specified amino acids, useful for antiviral defence	2014	美国CARIBOU生物科学公司；瓦赫宁根大学及研究中心	31	41
US9023649B2	Altering eukaryotic cell comprises transfecting eukaryotic cell with nucleic acid encoding RNA complementary to genomic DNA of eukaryotic cell, and transfecting eukaryotic cell with nucleic acid encoding enzyme that interacts with RNA	2014	哈佛大学	7	31
WO2014127287A1	In vivo targeted mutagenesis to form e.g. human stem cell with mutated germline involves introducing damage in preselected DNA region, biasing repair by targeting pathway requiring long-range resectioning and mutating single stranded region	2014	麻省理工学院	72	2
WO2014144155A1	Modifying the genomic material in a plant cell by introducing into the cell a nucleic acid comprising a clustered regularly interspaced short palindromic repeat (CRISPR) RNA (crRNA) and a trans-activating crRNA (tracrRNA)	2014	美国明尼苏达大学	26	11

（续表）

专利公开号	标题	申请年	专利权人	权利要求计数（件）	inpadoc 同族专利数量（件）
WO2014191518A1	Inducing nucleic acid cleavage in genetic sequence useful e.g. for generating animal or plant, by selecting nucleic acid targets, engineering specific RNAs, providing trans-activating RNA and cas9 nickase and introducing into cell	2014	CELLECTIS公司	18	12
WO2014204725A1	Modifying an organism or a non-human organism by minimizing off-target modifications, comprises delivering composition comprising clustered regularly interspaced short palindromic repeat-Cas system chimeric RNA polynucleotide sequences	2014	哈佛大学；美国BROAD研究所；麻省理工学院	207	288
WO2014204727A1	Genome wide library for knocking out in parallel every gene in genome, comprises unique clustered regularly interspaced short palindromic repeats-Cas system guide sequences that are capable of targeting target sequences in genomic loci	2014	美国BROAD研究所；麻省理工学院	63	288
WO2014204728A1	Modifying organism involves delivering composition comprising clustered regularly interspaced short palindromic repeat (CRISPR)-CRISPR associated system RNA polynucleotide sequence, and polynucleotide sequence encoding CRISPR enzyme	2014	哈佛大学；美国EROAD研究所；麻省理工学院	43	288

（续表）

专利公开号	标题	申请年	专利权人	权利要求计数（件）	inpadoc 同族专利数量（件）
WO2015006294A2	Modulating expression of target nucleic acids in cell, involves introducing first foreign nucleic acid encoding RNAs complementary to target nucleic acids, second foreign nucleic acid and third foreign nucleic acid to cell	2014	哈佛大学	40	28
WO2015013583A2	Altering target DNA in cell e.g. eukaryotic cell, yeast cell plant cell, animal cell and somatic cell, involves introducing transcription activator-like effector nucleases lacking repeat sequences having specific base pairs into cell	2014	哈佛大学	155	22
WO2015017866A1	Engineering a cell for a desired phenotype comprises introducing an oligonucleotide library into cells expressing a single-stranded annealing protein and/or recombinase system	2014	ENEVOLV公司	97	7
US20150082478A1	Selecting a plant comprising altered target site in its plant genome, comprises e.g. crossing first plant comprising clustered regularly interspaced short palindromic repeats-associated endonuclease with second plant, and evaluating progeny	2014	杜邦公司	66	45

（续表）

专利公开号	标题	申请年	专利权人	权利要求计数（件）	inpadoc 同族专利数量（件）
WO2015026883A1	Selecting a plant comprising altered target site in its plant genome, comprises e.g. crossing first plant comprising clustered regularly interspaced short palindromic repeats-associated endonuclease with second plant, and evaluating progeny	2014	杜邦公司	59	45
WO2015048577A2	New guide RNA molecule comprising targeting domain that is complementary with target sequence of target nucleic acid of specified gene or pathway, used to alter sequence of target nucleic acid of a cell to treat e.g. cancer, cholera and HIV	2014	EDITAS医药公司	258	3
WO2015066637A1	New polynucleotide donor cassette comprises site specific nuclease binding domain, analytical domain, and plasmid domain, for plant precision transformation, gene targeting, targeted genomic integration and protein expression in plants	2014	陶氏化学	51	17
WO2015071474A2	New single-molecule guide RNA comprising a DNA-targeting segment and a protein-binding segment comprising a trans-activating CRISPR RNA, useful for manipulating DNA in a cell	2014	CRISPR THERAPEUTICS公司	63	10

（续表）

专利公开号	标题	申请年	专利权人	权利要求计数（件）	inpadoc 同族专利数量（件）
WO2015089465A1	Modifying an organism or a non-human organism by manipulation of a target hepatitis B virus (HBV) sequence in a genomic locus of interest comprises delivering a non-naturally occurring or engineered composition	2014	洛克菲勒大学；美国BROAD研究所；麻省理工学院	116	14
WO2015105928A1	Altering eukaryotic germline cell of organism for producing progeny having desired trait, by introducing foreign nucleic acid sequence encoding RNA guided DNA binding protein nuclease and guide RNAs into germline cell and chromosome	2015	哈佛大学	72	11
WO2015112896A2	New synthetic trans-encoded clustered regularly interspaced short palindromic repeats nucleic acid construct comprises bulge sequence and nexus sequence for site-specific cleavage of double stranded target DNA	2015	美国北卡罗来纳州立大学	49	8
WO2015131101A1	New recombinant DNA construct comprising a small nuclear RNA promoter, useful for introducing a double-strand break in the genome of a cell and for genome modification	2015	孟山都公司	89	6

（续表）

专利公开号	标题	申请年	专利权人	权利要求计数（件）	inpadoc 同族专利数量（件）
WO2015133554A1	Modifying targeted site of double-stranded DNA, by selecting nucleic acid sequence recognition module that specifically binds to target nucleotide sequence in double-stranded DNA, and contacting with complex	2015	神户大学	21	12
WO2015139008A1	Causing genetic change in plant cell, by exposing cell to DNA cutter and modified gene repair oligonucleotide	2015	CIBUS EURO公司	89	30
WO2015148680A1	Engineered genetic system useful in producing an engineered organism for use in preventing or treating skin, gastrointestinal or urinary tract disease and infection, comprises a nuclease module, and a synthetic mobile genetic element module	2015	GINKGO BIOWORKS公司	35	7
WO2015166272A2	Producing a library of eukaryotic cell clones containing DNA encoding a diverse repertoire of binders by providing donor DNA molecules encoding the binders, and eukaryotic cells, and introducing the donor DNA into the cells	2015	IONTAS公司	87	20
WO2016186946A1	Identifying Protospacer-Adjacent-Motif sequence involves providing library of plasmid DNA, where plasmid DNA comprises randomized Protospacer-Adjacent-Motif sequence integrated adjacent to target sequence	2016	杜邦公司	23	18

5.6 全球玉米分子育种新兴技术预测

5.6.1 方法论

佐治亚理工大学 Alan Porter 教授和他的研究团队一直致力于技术预见领域的研究，他们历经十余年开发的 Emergence Indicators 可以较好地呈现某一项技术领域的新兴（Emerging）研究方向，以及人员、机构、国家 / 地区的参与情况。Emergence Indicators 通过文献计量学的手段对标题和摘要的主题词进行分析和挖掘，从 Novelty（新颖性）、Persistence（持久性）、Growth（成长性）和 Community（研究群体参与度）对 Emergence Indicators 进行计算，并且可以应用于专利和科技文献之中。Emergence Indicators 算法可以很好地帮助决策者了解新兴研究方向在技术生命周期中所处的位置，以便在它达到拐点或者成熟期前就可以识别出来，并进行研发布局和战略选择。

5.6.2 新兴技术遴选

基于全球玉米分子育种领域涉及的技术分类专利共 7377 项，经过德温特世界专利索引（Derwent World Patents Index®，DWPI）自然语言处理后共得到 32783 个主题词组，通过 Emergence Indicators 算法计算所有主题词的创新性得分后遴选出 152 个主题词，在排除没有意义的虚词，并经玉米分子育种领域专家筛选后，选定了 16 个可以反映玉米分子育种领域新兴技术趋势的主题词。表 5.10 展示了全球玉米分子育种领域新兴技术主题词。从表 5.10 中可以看出，玉米分子育种技术领域的新兴技术点集中在标记辅助育种（Marker Assisted Breeding）、单倍体生产（Haploid Production）、谱系育种

（Pedigree Breeding）、加倍单倍体（Doubling Haploid）、加倍单倍体生产（Doubled Haploid Production）等。

表 5.10　全球玉米分子育种领域新兴技术主题词

排序	专利数量（项）	主题词（英文）	创新性得分（分）
1	51	Marker Assisted Breeding	27.784
2	37	Haploid Production	26.392
3	236	Pedigree Breeding	24.945
4	8	Doubling Haploid	24.665
5	34	Doubled Haploid Production	23.23
6	31	Comprising Doubling Haploid	8.343
7	9	SNP Molecular Marker	6.222
8	43	Zinc Finger Nuclease	4.291
9	16	Transgenic Microorganism	4.284
10	24	Transcription Activator-Like Effector Nuclease (TALEN)	3.254
11	12	Agrobacterium Mediated Method	3.242
12	9	Transgenic Corn (claimed)	3.187
13	17	Transgenic Method	2.974
14	13	Male Sterile Line	2.619
15	22	Recombinant Microorganism	2.483
16	103	Genetic Marker Enhanced Selection	2.185

5.6.3　新兴技术来源国家 / 地区分布

全球玉米分子育种领域遴选出的 16 项新兴技术分布于 10 个国家 / 地区，全球玉米分子育种领域新兴技术来源国家 / 地区如图 5.9 所示，可以看出，美国是玉米分子育种领域拥有新兴技术专利数量最多且创新性最高的国家，其专利数量为 350 项，创新性得分为 179 分；中国排名第二，专利数量为 68 项，创新性得分为 70.6 分；此外，英国的新兴技术专利数量虽不多但创新性得分较高，为 13.2 分，排名第三，也值得关注。

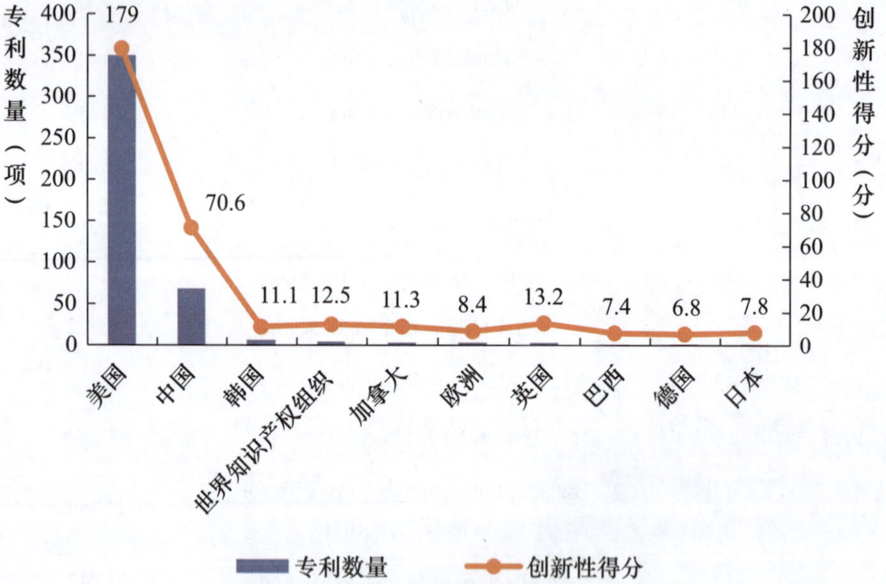
专利数量（项）
创新性得分（分）
179
70.6
11.1
12.5
11.3
8.4
13.2
7.4
6.8
7.8
美国
中国
韩国
世界知识产权组织
加拿大
欧洲
英国
巴西
德国
日本
专利数量
创新性得分

图 5.9　全球玉米分子育种领域新兴技术来源国家 / 地区

5.6.4　新兴技术主要专利权人分析

全球玉米分子育种领域新兴技术 TOP10 专利权人如图 5.10 所示，可以看出，杜邦公司新兴技术相关专利数量最多（170 项），创新型得分为 163 分，排名第一；孟山都公司相关专利数量排名第三（41 项），但其创新性得分排名第二，为 102.9 分，可见该公司专利涉及新兴技术领域较多。新兴技术 TOP10 专利权人中，有 3 个来自中国的专利权人，分别是中国农业科学院、中国农业大学和中国科学院遗传与发育生物学研究所，其中，中国农业科学院新兴技术专利数量为 9 项，创新性得分为 21.2 分，是中国在玉米分子育种领域新兴技术研究中比较领先的机构。

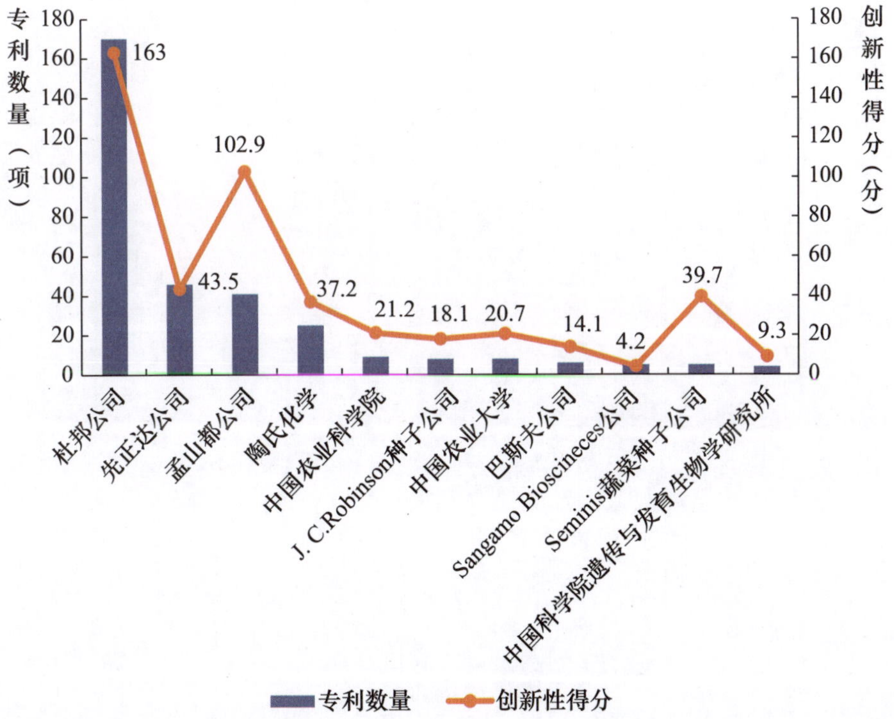

专利数量（项）
创新性得分（分）
163
102.9
43.5
37.2
21.2
18.1
20.7
14.1
4.2
39.7
9.3
杜邦公司
先正达公司
孟山都公司
陶氏化学
中国农业科学院
J. C.Robinson种子公司
中国农业大学
巴斯夫公司
Sangamo Bioscineces公司
Seminis蔬菜种子公司
中国科学院遗传与发育生物学研究所
专利数量
创新性得分

图 5.10　全球玉米分子育种领域新兴技术 TOP10 专利权人

参考文献

[1] 中国农业百科全书总编辑委员会农作物卷编辑委员会. 中国农业百科全书·农作物卷　下[M]. 北京：农业出版社，1991.

[2] 赵久然，王帅，李明，等. 玉米育种行业创新现状与发展趋势[J]. 植物遗传资源学报，2018，19(3)：435-446.

[3] 联合国粮农组织. 统计数据库FAOSTAT [DB/OL]. (2019-01-18)[2019-05-08]. http://www.fao.org/faostat/en/#data/QC.

[4] 赵久然，王荣焕，史洁慧，等. 国内外玉米动态及展望[J]. 作物杂志，2008(5)：5-9.

[5] 唐军，王文强，黄春琼，等. 玉米育种技术研究进展[J]. 热带农业科学，2017，37(5)：42-50，71.

[6] 佟屏亚. 新世纪玉米生产形势和发展趋势[J]. 种子科技，2016，34(7)：14-16.

[7] 国家统计局. 关于2017年粮食产量的公告[EB/OL]. http://www.stats.gov.cn/tjsj/zxfb/201712/t20171208_1561546.html.

[8] 国家统计局. 关于2018年粮食产量的公告[EB/OL]. http://www.stats.gov.cn/tjsj/zxfb/201812/t20181214_1639544.html.

[9] 农业农村部市场与经专家委员会. 中国农业展望报告（2019—2028）[R]. 北京：中国农业科学技术出版社，2019.

[10] 陈亚东，郭淑敏，寇远涛，等. 我国玉米产业政策法规体系建设研究[J]. 玉米科学，2018，26(2)：166-172.

[11] 徐志刚，习银生，张世煌. 2008/2009年度国家玉米临时收储政策实施状况分析[J]. 农业经济问题，2010，31(3)：16-23，110.

[12] 国务院. 关于建立粮食生产功能区和重要农产品生产保护区的指导意见 [EB/OL].(2017-04-10)[2019-05-09].http://www.gov.cn/zhengce/content/2017-04/10/

content_5184613.htm.

[13] 农业农村部. 关于大力实施乡村振兴战略加快推进农业转型升级的意见[EB/OL]. (2018-02-13)[2019-05-09]. http://www.moa.gov.cn/xw/zwdt/201802/t20180213_6137182.htm.

[14] 戴景瑞，鄂立柱. 我国玉米育种科技创新问题的几点思考[J]. 玉米科学，2010，18(1)：1-5.

[15] 戴景瑞. 发展玉米育种科学迎接21世纪的挑战[J]. 作物杂志，1998(6)：2-5.

[16] 王振营，王晓鸣. 我国玉米病虫害发生现状、趋势与防控对策[J]. 植物保护，2019，45(1)：1-11.

[17] 王晓鸣，晋齐鸣，石洁，等. 玉米病害发生现状与推广品种抗性对未来病害发展的影响[J]. 植物病理学报，2006(1)：1-11.

[18] 国家发展改革委. "十三五"生物产业发展规划 [EB/OL]. (2016-12-20)[2019-05-19]. http://www.ndrc.gov.cn/zcfb/zcfbghwb/201701/t20170112_834924.html.

[19] Global Status of Commercialized GM/Biotech Crops: 2018 [EB/OL]. (2019-08-26)[2019-12-02]. http://www.isaaa.org/resources/publications/briefs/54/pressrelease/pdf/B54-PressRelease-English.pdf.

[20] 石雷. 引入美国商业种质对我国玉米育种的影响 [J]. 北京农业，2007，15(2)：1-4.

[21] SERVICE(NASS) N A S. Agricultural Statistics Board, United States Department of Agriculture(USDA), National Agricultural Statistics Service [EB/OL].(2018-06-29)[2019-05-19].http://usda.mannlib.cornell.edu/MannUsda/viewDocumentInfo.do?documentID=1000.

[22] HOUSE T W. National Bioeconomy Blueprint [EB/OL]. (2012-04)[2019-05-19]. https://obamawhitehouse.archives.gov/sites/default/files/microsites/ostp/national_bioeconomy_blueprint_april_2012.pdf.

[23] GROUP U P B W. USDA Roadmap for Plant Breeding [EB/OL].(2015-03-11)[2019-05-19].https://nifa.usda.gov/sites/default/files/resources/usda-roadmap-plant-breeding.pdf.

[24] 陈云伟. 美国农业部发布未来5年植物基因资源发展计划[EB/OL]. (2017-08-

16)[2019-05-19].http://www.casisd.cn/zkcg/ydkb/kjqykb/2017/201708/201708/t20170816_4849337.html.

[25] GAO U. Strategic Plan 2018–2023 [EB/OL].(2018-02-20)[2019-05-19].https://www.gao.gov/assets/700/690260.pdf.

[26] 佟屏亚. 跨国种业公司全球化新战略[J]. 中国种业，2002(2)：11-13.

[27] Lauren Manning. Ag Biotech Startups: Hi Fidelity Genetics & PlantResponse Raise Venture Funding Totaling $15.4m [EB/OL].(2018-12-13)[2019-05-31]. https://agfundernews.com/ag-biotech-startups-hi-fidelity-genetics-plantresponse-raise-venture-funding-totaling-15-4m.html.

[28] 郭湘. 欧洲推出工业生物技术路线图[EB/OL]. (2014-05-27)[2019-05-19]. http://news.sciencenet.cn/htmlnews/2014/5/295167.shtm.

[29] 中华人民共和国科学技术部. 欧盟委员会发布新版生物经济发展战略 [EB/OL]. (2018-11-13)[2019-05-19].http://www.most.gov.cn/gnwkjdt/201811/t20181113_142728.htm.

[30] 沈大力. 我国转基因生物技术产业知识产权战略研究[D]. 武汉：华中农业大学，2015.

[31] UK SYNTHETIC BIOLOGY ROADMAP COORDINATION GROUP N S R, CLAIRE MARRIS. A Synthetic Biology Roadmap for the UK [R]. Swindon, 2012.

[32] COUNCIL T S B L. UK Synthetic Biology Strategic Plan 2016 [EB/OL].(2016-02-24)[2019-05-19].https://admin.ktn-uk.co.uk/app/uploads/2017/10/UKSyntheticBiologyStrategicPlan16.pdf.

[33] SCIENCE M O. Planning Ict and Future, Korea South. Biotechnology in Korea 2013 [EB/OL]. (2013)[2019-05-19].http://www.bioin.or.kr/images/en/main/biotechnology_in_korea_2013.pdf.

[34] 日本国首相官邸. バイオテクノロジー 戦 略 大 綱 [EB/OL]. (2002-10)[2019-05-19].https://www.kantei.go.jp/jp/singi/bt/kettei/021206/taikou.html.

[35] 胡智慧. 日本五大科技创新行动计划：构筑面向未来创新的桥梁[EB/OL].

(2014-09-12)[2019-05-19].http://www.casisd.cn/zkcg/ydkb/kjzcyzxkb/2014/201402/201703/t20170330_4767537.html.

[36] 日本内阁. 第5期科学技術基本計画（平成28～平成32年度) [EB/OL].(2016-01-22)[2019-05-19]. http://www8.cao.go.jp/cstp/kihonkeikaku/index5.html.

[37] National policy strategy on bioeconomy [EB/OL].(2014-03-26)[2019-05-19]. http://www.bio-step.eu/fileadmin/BioSTEP/Bio strategies/Nationale Politikstrategie Biooekonomie.pdf.

[38] 葛春蕾. 德国提出进一步发展生物经济行动领域 [EB/OL]. (2017-06-30)[2019-05-19]. http://www.casisd.cn/zkcg/ydkb/kjzcyzxkb/2017/201702/201706/t20170630_4820551.html.

[39] 新锐锋研究. 中美玉米种业发展比较——30年的差距在哪里？[EB/OL].(2016-09-04)[2019-05-19]. http://business.sohu.com/20160904/n467580046.shtml.

[40] 李建生. 玉米分子育种研究进展 [J]. 中国农业科技导报，2007(2)：10-13.

[41] 黎裕，王天宇. 玉米转基因技术研发与应用现状及展望[J]. 玉米科学，2018，26(2)：1-15，22.

[42] HECK G R A C L, ASTWOOD J D, et al. Development and characterization of a CP4 EPSPS- based glyphosate- tolerant corn event [J]. Crop Science, 2005, 45(1):329-339.

[43] REN Z-J, CAO G-Y, ZHANG Y-W, et al. Overexpression of a modified AM79 aroA gene in transgenic maize confers high tolerance to glyphosate [J]. Journal of Integrative Agriculture, 2015, 14(3): 414-422.

[44] 董春水，才卓. 现代玉米育种技术研究进展与前瞻[J]. 玉米科学，2012，20(1)：1-9.

[45] 戴景瑞，鄂立柱. 百年玉米，再铸辉煌——中国玉米产业百年回顾与展望[J]. 农学学报，2018，8(1)：74-79.

[46] 王延波. 玉米超高产育种理论与实践及优化栽培技术研究[D]. 沈阳：沈阳农业大学，2008.

[47] 国务院. 生物产业发展规划 [EB/OL]. (2013-01-06)[2019-05-19]. http://www.

gov.cn/zwgk/2013-01/06/content_2305639.htm.

[48] 国务院. “十三五” 国家科技创新规划[EB/OL]. (2016-07-28)[2019-05-19]. http://www.most.gov.cn/mostinfo/xinxifenlei/gjkjgh/201608/t20160810_127174.htm.

[49] 刘垠翟.《国家生物技术发展战略纲要》启动编制 [EB/OL]. (2018-03-01)[2019-05-19]. http://www.stdaily.com/index/kejixinwen/2018-03/01/content_642270.shtml.

[50] M. P B. Molecular marker-assisted breeding options for maize improvement in Asia [J]. Molecular Breeding, 2010，26(2)：339-356.

[51] 刘允军，贾志伟，刘艳，等. 玉米规模化转基因技术体系构建及其应用[J]. 中国农业科学，2014，47(21)：4172-4182.

[52] 陈秀华于，罗黎明，陈洪梅，刘丽. 玉米分子标记辅助育种及标记开发研究进展[J]. 中国农业科技导报，2016，18(1)：26-31.

[53] 杜邦. 我们的公司 [EB/OL].[2019-05-19]. http://www.dupont.cn/corporate-functions/our-company.html.

[54] Dupont'History [EB/OL]. [2019-05-19]. http://www.dupont.com/corporate-functions/our-company/dupont-history.html.

[55] 杨光，朱增勇，沈辰. 杜邦先锋公司种业发展战略[J]. 世界农业，2016(11)：188-191.

[56] 杜邦先锋公司. 公司介绍[EB/OL].[2019-05-19]. https://www.pioneer.com/web/site/china/menuitem.52a05f45f824ff86adc5adc52def63aa/.

[57] 杜邦先锋公司. 先锋的生物技术[EB/OL]. [2019-05-19]. https://www.pioneer.com/web/site/china/Biotech/TransgenicProd/.

[58] 孟山都. 孟山都公司 [EB/OL].[2019-05-19]. http://www.monsanto.com.cn/whoweare/Pages/default.aspx.

[59] 李向辉，李艳茹，金福兰. 美国孟山都公司在华专利布局战略分析[J]. 江苏农业科学，2015，43(5)：462-468.

[60] 互动百科. 孟山都公司 [EB/OL]. [2019-05-19]. http://www.baike.com/wiki/%E5

%AD%9F%E5%B1%B1%E9%83%BD%E5%85%AC%E5%8F%B8.

[61] Monsanto History [EB/OL]. [2019-05-19]. https://monsanto.com/company/history/.

[62] 孟山都. 孟山都将于2017种植季推出六种新迪卡®DISEASE SHIELD™玉米产品™ [EB/OL]. (2016-09-26)[2019-05-19]. http://www.monsanto.com.cn/newsviews/Pages/new-dekalb-corn.aspx.

[63] 巴斯夫公司. 巴斯夫中国 [EB/OL]. [2019-05-19]. https://www.basf.com/cn/zh.html.

[64] 拜耳作物科学中国. 拜耳作物科学（中国）有限公司介绍 [EB/OL]. [2019-05-19]. https://www.cropscience.bayer.com.cn/Company/Introduction/Introduction.aspx.

[65] 拜耳作物科学中国. 拜耳作物科学种子业务 [EB/OL].https://www.cropscience.bayer.com.cn/Product/Seeds.aspx.

[66] 世界农化网. 陶氏益农将PowerCore™技术加入其玉米性状产品阵容 可防控地上害虫 [EB/OL]. (2015-07-09)[2019-05-19]. http://cn.agropages.com/News/NewsDetail---9993.htm.

[67] 世界农化网. 陶氏益农Enlist性状玉米预计明年上市Enlist大豆则还需中国欧盟批准 [EB/OL]. (2017-08-22). http://cn.agropages.com/News/NewsDetail---14838.htm.

[68] 大北农集团. 集团简介 [EB/OL]. [2019-05-19]. http://www.dbn.com.cn/gydbn/jtjj/.

[69] 大北农集团. 大北农作物生物育种国家地方联合工程实验室 [EB/OL]. [2019-05-19]. http://www.dbn.com.cn/kjcx/cxjg/zwyz/.

[70] 搜狐网. 大北农玉米和大豆育种进入“第四代” [EB/OL]. (2018-04-25)[2019-05-19]. http://www.sohu.com/a/229365897_115124.

[71] 大北农集团. 热烈祝贺大北农集团作物科技产业20个新品种同时通过国审震撼上市 [EB/OL]. (2018-10-26)[2019-05-19]. http://www.dbn.com.cn/html/20181026/102727.html.

[72] 中国农业大学. 学校简介 [EB/OL]. [2019-05-19]. http://www.cau.edu.cn/col/col10247/index.html.

[73] 国家玉米改良中心. 团队历史[EB/OL]. [2019-05-19]. http://maizecenter.cau.edu.cn/f/view-2-77df7ee8e56c4f1088c0be31ceaa166e.html.

[74] 国家玉米改良中心. 代表性成果[EB/OL]. (2018-05-22)[2019-05-19]. http://maizecenter.cau.edu.cn/f/view-2-6a60ff2683eb4399b874cf0c6670f760.html.

[75] 四川农业大学. 学校简介 [EB/OL]. [2019-05-19]. http://www.sicau.edu.cn/xxgk/xxjj.htm.

[76] 四川农业大学玉米研究所. 玉米所概况[EB/OL]. [2019-05-19]. http://maize.sicau.edu.cn/index.htm.

[77] 张俊贤，钟帆. 吃货的福音！川农大与企业合作开发推广甜糯玉米新品种[EB/OL]. (2017-05-24)[2019-05-19]. https://sichuan.scol.com.cn/fffy/201705/55920030.html.

[78] 温雯，唐浩，崔野韩，陈红，王洁，朱岩. 加强知识产权保护 助力现代种业发展 [J]. 中国种业，2018(3)：1-4.

[79] 王悦. 我国农业专利申请现状的研究分析 [J]. 南方农机，2017，48(20)：157-158，173.

[80] 操秀英. 重要功能基因缺乏制约我国农业发展 [N]. 科技日报，2015-02-04(8).

[81] 赵海涛，赵静红，李勃，刘新颖，王菁菁，孙冲霞，越刚. 玉米单倍体育种技术的发展现状与趋势 [J]. 农业工程技术，2018，39(29)：73-74.

[82] 汪珂，梁秀英，宗力，等. 玉米籽粒性状高通量测量装置设计与实现 [J]. 中国农业科技导报，2015，17(2)：94-99，140.

[83] 陈凌云，匡芳君. 人工智能技术在农业领域的应用[J]. 电脑知识与技术，2017，13(29)：181-183，202.